2018 版安徽省建设工程计价依据

U0953863

安徽省装饰装修工程计价定额

主编部门：安徽省建设工程造价管理总站

批准部门：安徽省住房和城乡建设厅

施行日期：2018 年 1 月 1 日

中国建材工业出版社

图书在版编目（CIP）数据

安徽省装饰装修工程计价定额/安徽省建设工程造价管理总站编．—北京：中国建材工业出版社，2018.1（2024.1重印）
（2018 版安徽省建设工程计价依据）
ISBN 978-7-5160-2065-4

Ⅰ.①安…　Ⅱ.①安…　Ⅲ.①建筑装饰—工程装修—工程造价—安徽　Ⅳ.①TU723.3

中国版本图书馆 CIP 数据核字（2017）第 264741 号

安徽省装饰装修工程计价定额
安徽省建设工程造价管理总站　编

出版发行：中国建材工业出版社
地　　址：北京市海淀区三里河路 11 号
邮　　编：100831
经　　销：全国各地新华书店
印　　刷：北京雁林吉兆印刷有限公司
开　　本：787mm×1092mm　1/16
印　　张：20
字　　数：480 千字
版　　次：2018 年 1 月第 1 版
印　　次：2024 年 1 月第 4 次
定　　价：98.00 元

本社网址：www.jccbs.com　　微信公众号：zgjcgycbs
本书如出现印装质量问题，由我社市场营销部负责调换。联系电话：(010) 57811387

安徽省住房和城乡建设厅发布

建标〔2017〕191号

安徽省住房和城乡建设厅关于发布2018版安徽省建设工程计价依据的通知

各市住房城乡建设委（城乡建设委、城乡规划建设委），广德、宿松县住房城乡建设委（局），省直有关单位：

为适应安徽省建筑市场发展需要，规范建设工程造价计价行为，合理确定工程造价，根据国家有关规范、标准，结合我省实际，我厅组织编制了2018版安徽省建设工程计价依据（以下简称2018版计价依据），现予以发布，并将有关事项通知如下：

一、2018版计价依据包括：《安徽省建设工程工程量清单计价办法》《安徽省建设工程费用定额》《安徽省建设工程施工机械台班费用编制规则》《安徽省建设工程计价定额（共用册）》《安徽省建筑工程计价定额》《安徽省装饰装修工程计价定额》《安徽省安装工程计价定额》《安徽省市政工程计价定额》《安徽省园林绿化工程计价定额》《安徽省仿古建筑工程计价定额》。

二、2018版计价依据自2018年1月1日起施行。凡2018年1月1日前已签订施工合同的工程，其计价依据仍按原合同执行。

三、原省建设厅建定〔2005〕101号、建定〔2005〕102号、建定〔2008〕259号文件发布的计价依据，自2018年1月1日起同时废止。

四、2018版计价依据由安徽省建设工程造价管理总站负责管理与解释。在执行过程中，如有问题和意见，请及时向安徽省建设工程造价管理总站反馈。

安徽省住房和城乡建设厅

2017年9月26日

编制委员会

主　　任　宋直刚

成　　员　王晓魁　王胜波　王成球　杨　博

江　冰　李　萍　史劲松

主　　审　王成球

主　　编　孙荣芳

副 主 编　仇圣光

参　　编（排名不分先后）

王宗俊　丁　浩　丁　俊　韩少斌

罗源静　方志兴　高云燕　徐立鑫

周奕鸣

参　　审　孙万虎　吴前辉　罗　力　何　鸿

总说明

一、《安徽省装饰装修工程计价定额》以下简称“本装饰定额”，是依据国家现行有关工程建设标准、规范及相关定额，并结合近几年我省出现的新工艺、新技术、新材料的应用情况，及装饰装修工程设计与施工特点编制的。

二、本装饰定额包括：楼地面工程；墙柱面工程；天棚工程；幕墙工程；门窗工程；油漆、涂料、裱糊工程；脚手架工程；其他工程等内容。

三、本装饰定额适用于我省境内新建、扩建、改建建筑工程的装饰装修及单独装饰工程。

四、本装饰定额的作用：

1．是编审设计概算、最高投标限价、施工图预算的依据；

2．是调解处理工程造价纠纷的依据；

3．是工程成本评审、工程造价鉴定的依据；

4．是施工企业编制企业定额、投标报价、拨付工程价款、竣工结算的参考依据。

五、本装饰定额是按照正常的施工条件，大多数施工企业采用的施工方法、机械化装备程度、合理的施工工期、施工工艺、劳动组织编制的，反映当前社会平均消耗量水平。

六、本装饰定额中人工工日以“综合工日”表示，不分工种、技术等级。内容包括：基本用工、辅助用工、超运距用工及人工幅度差。

七、本装饰定额中的材料：

1．本装饰定额中的材料包括主要材料、辅助材料、周转材料和其他材料。

2．本装饰定额中的材料消耗量包括净用量和损耗量。损耗量包括：从工地仓库、现场集中堆放地点或现场加工地点至操作或安装地点的现场运输损耗、施工操作损耗、施工现场堆放损耗。凡能计量的材料、成品、半成品均逐一列出消耗量，难以计量的材料以“其他材料费”形式表示。

3．本装饰定额中所列砂浆均为现拌砂浆，若实际使用预拌砂浆时，每立方米砂浆人工扣减 0.17 工日，搅拌机扣减 0.167 台班。

4．本装饰定额中所列混凝土均为现拌混凝土，若实际使用商品混凝土时，每立方米混凝土人工扣减 0.18 工日，机械扣减 0.063 台班。

5．本装饰定额中木材是按自然干燥计算的，未包括烘干损耗。

八、本装饰定额中的机械：

1．本装饰定额的机械台班消耗量是按正常合理的机械配备、机械施工工效测算确定的，已包括机械幅度差。

2．本装饰定额中的机械仅列主要施工机械消耗量。凡单位价值 2000 元以内，使用年限在一年以内，不构成固定资产的施工机械，定额中未列消耗量，企业管理费中考虑其使用费，其燃料动力消耗在材料费中计取。难以计量的机械台班以“其他机械费”形式表示。

3．大型机械的进（退）场及安装、拆卸，执行《安徽省建设工程计价共用定额》的规定。

九、装饰工程中需做装饰灯具、卫生洁具、给排水及电气管道等安装工程的，均按《安徽省安装工程计价定额》的相应项目和有关规定执行。

十、本装饰定额中凡注有“××以内”或“××以下”者，均包括“××”本身；凡注有“××以外”或“××以上”者，则不包括“××”本身。

十一、本装饰定额授权安徽省建设工程造价总站负责解释和管理。

目　录

第一章　楼地面工程

第二章 墙柱面工程

第三章 天棚工程

第四章 幕墙工程

第五章 门窗工程

第六章 油漆、涂料、裱糊工程

第七章 脚手架工程

第八章 其他工程

第一章　楼地面工程

说　　明

1. 本章定额中各种水泥砂浆、水泥石子浆、混凝土的配合比，如设计规定与定额不同时，可以换算，但人工、机械用量不变。

2. 整体面层、块料面层中的楼地面项目，均不包括踢脚线；各种面层的楼梯不包括踢脚线、侧面及板底抹灰。各种踢脚线执行本章相应定额子目。楼梯的侧面、板底抹灰分别执行墙柱面、天棚工程章节中相应定额子目。

3. 块料面层“图案镶贴”是指切割并镶贴成折线图案，如切割镶贴成弧线形图案时，人工乘以系数 1.35，弧形部分的块料损耗按实调整。如为成品拼花，执行相应子目。

4. 石材波打线（嵌边）执行相应楼地面子目，人工乘以系数 1.2。

5. 彩色水磨石面层如掺颜料，掺量按设计规定，如设计不明，采用普通水泥时，颜料用量按石子浆水泥用量的 13%计算；采用白水泥时，颜料用量按石子浆水泥用量的 8%计算。

6. 现浇水磨石面层定额子目已包括酸洗打蜡工料，其余项目均不包括酸洗打蜡。水磨石设计不做酸洗打蜡，应扣除定额中的酸洗打蜡材料费及人工 2 工日/100 ㎡。

7. 块料面层粘结层的砂浆厚度与定额不符时，按设计厚度调整。

8. 镶拼面积小于 0.015 ㎡的石材执行点缀定额。

9. 块料面层定额项目不含水泥砂浆找平层。

10. 防静电活动地板按钢质编制，如为其他材质，主材换算，其他不变。

11. 踢脚线高度除另注明外，定额均按 100mm 考虑。弧形踢脚线、楼梯踢脚线人工乘以系数 1.15。

12. 栏杆栏板定额已包括扶手、弯头、栏杆栏板的制作安装。主材不同时按设计调整。如为弧形人工乘系数 1.20。

13. 楼梯、台阶不包括防滑条，设计要求做防滑条时，按相应定额子目执行。

14. 圆弧形、螺旋形楼梯贴地砖、广场砖按相应定额子目的人工、面层材料按实调整。

15. 石材等块料面层镶贴的正常施工切割费已包括在定额内，但磨边、弧形切割未包括，如设计要求现场磨边者另套用第八章相应子目。

16. 水磨石楼地面采用铜嵌条时，取消玻璃数量，另增加铜嵌条子目。如嵌弧形条，按相应定额子目人工乘以系数 1.10。

17. 零星项目面层适用于楼梯侧面、台阶的牵边、小便池、蹲台、池槽，以及面积在 0.5 ㎡以内少量分散的楼地面装饰。

18. 零星抹灰可按第二章相应项目计算。

工程量计算规则

1. 整体面层、找平层按设计图示尺寸以面积计算,应扣除凸出地面的构筑物、设备基础、室内管道、地沟等所占面积,不扣除间壁墙和0.3 ㎡以内的柱、垛、附墙烟囱及孔洞所占面积。门洞、空圈、暖气包槽、壁龛等的开口部分不增加面积。

2. 块料面层、橡塑面层、其他材料面层按设计图示尺寸以面积计算。门洞、空圈、暖气包槽、壁龛等的开口部分并入相应的工程量内。 块料面层“图案镶贴”按图案外围矩形面积计算。

3. 楼梯面层按设计图示尺寸(包括踏步、休息平台以及500mm宽以内的楼梯井)水平投影面积计算。楼梯与楼地面相连时，算至梯口梁内侧边沿；无梯口梁者，算至最上一层踏步边沿加300mm。

4. 木地板地楞、地台木板龙骨、木地板机械磨光按设计图示尺寸以面积计算。

5. 地台钢地龙骨按设计图示尺寸以质量计算。

6. 台阶面层按设计图示尺寸以台阶(包括最上层踏步边沿加300mm)水平投影面积计算。

7. 踢脚线、地毯配件按设计图示长度以延长米计算。

8. 栏杆、栏板、扶手按设计图示尺寸以扶手中心线长度(包括弯头长度)计算。

9. 点缀按设计图示数量计算,计算主体铺贴地面面积时，不扣除点缀所占面积。

10. 酸洗打蜡、石材养护液按设计图示尺寸以面积计算。

11. 零星项目按设计图示尺寸以面积计算。

一、整体面层

1. 水泥砂浆楼地面

工作内容：清理基层、刷素水泥浆、调运砂浆、抹面、压光、养护。　　　　计量单位：100m²

定额编号				Z1-1	Z1-2
项目名称				水泥砂浆	
				楼地面	
				20mm厚	每增减5mm厚
基价（元）				1305.51	224.67
其中	人工费（元）			569.10	60.06
	材料费（元）			645.72	145.54
	机械费（元）			90.69	19.07
名称		单位	单价(元)	消耗量	
人工	综合工日	工日	140.00	4.065	0.429
材料	108胶	kg	2.00	5.200	—
	水	m³	7.96	1.000	—
	水泥砂浆 1∶2	m³	281.46	2.020	0.510
	素水泥浆	m³	444.07	0.100	—
	塑料薄膜	m²	0.20	22.000	—
	其他材料费	元	1.00	10.000	2.000
机械	灰浆搅拌机 200L	台班	215.26	0.340	0.070
	其他机械费	元	1.00	17.500	4.000

注：拱形楼板上表面粉面按楼地面相应子目，人工乘以系数2.0，其他不变。

工作内容：1.水泥石屑浆：清理基层、刷素水泥浆、调运砂浆、水泥白石屑浆、抹面、压光、养护；
2.水泥砂浆坡道：清理基层、调制水泥砂浆、抹面、压光、清理净面。　　计量单位：100m²

定额编号				Z1-3	Z1-4	Z1-5
项目名称				水泥石屑浆		水泥砂浆坡道防滑齿槽
				楼(地)面		
				15mm厚	每增减5mm厚	
基价（元）				1358.83	273.14	2587.67
其中	人工费（元）			585.20	60.06	1547.00
	材料费（元）			693.70	194.01	894.78
	机械费（元）			79.93	19.07	145.89
名称		单位	单价(元)	消耗量		
人工	综合工日	工日	140.00	4.180	0.429	11.050
材料	108胶	kg	2.00	5.200	—	—
	水	m³	7.96	1.000	—	1.000
	水泥 32.5级	kg	0.29	113.700	—	—
	水泥白石屑浆 1∶2	m³	376.49	1.530	0.510	—
	水泥砂浆 1∶2	m³	281.46	—	—	2.750
	松木成材	m³	1435.27	—	—	0.030
	素水泥浆	m³	444.07	0.100	—	0.101
	塑料薄膜	m²	0.20	22.000	—	24.500
	细砂	t	53.00	0.142	—	—
	其他材料费	元	1.00	10.000	2.000	20.000
机械	灰浆搅拌机 200L	台班	215.26	0.290	0.070	0.550
	其他机械费	元	1.00	17.500	4.000	27.500

2. 现浇水磨石楼地面

工作内容：清理基层，调运砂浆、水泥白石子浆，刷素水泥浆(嵌条)、找平抹面、磨光、补砂眼、理光、上草酸、打蜡、擦光、嵌条、调色、养护。

计量单位：100m²

定额编号				Z1-6	Z1-7	Z1-8	Z1-9
项目名称				水磨石楼地面			
				不嵌条	嵌条	彩色镜面嵌条分色	每增减5mm厚
				12mm厚			
基价（元）				3950.28	4467.69	4861.01	396.07
其中	人工费（元）			1897.00	2240.00	2450.00	59.64
	材料费（元）			1741.72	1911.13	2089.45	317.36
	机械费（元）			311.56	316.56	321.56	19.07
名称		单位	单价(元)	消耗量			
人工	综合工日	工日	140.00	13.550	16.000	17.500	0.426
材料	108胶	kg	2.00	5.200	5.200	5.200	—
	白水泥彩色石子浆 1∶3	m³	722.07	—	—	1.430	—
	玻璃 5mm	m²	28.70	—	5.380	5.380	—
	草酸	kg	6.90	1.000	1.000	1.000	—
	金刚石 20cm×5cm×1cm	块	10.29	30.000	30.000	30.000	—
	棉纱头	kg	6.00	1.100	1.100	1.100	—
	水	m³	7.96	4.600	4.600	4.600	—
	水泥 32.5级	kg	0.29	26.000	26.000	26.000	—
	水泥白石子浆 1∶2	m³	618.35	1.430	1.430	—	0.510
	水泥砂浆 1∶3	m³	250.74	1.520	1.520	1.520	—
	素水泥浆	m³	444.07	0.100	0.100	0.100	—
	塑料薄膜	m²	0.20	22.000	22.000	22.000	—
	硬白蜡	kg	5.96	2.650	2.650	2.650	—
	其他材料费	元	1.00	35.000	50.000	80.000	2.000
机械	灰浆搅拌机 200L	台班	215.26	0.310	0.310	0.310	0.070
	平面水磨石机 3kW	台班	20.16	10.780	10.780	10.780	—
	其他机械费	元	1.00	27.500	32.500	37.500	4.000

注：水磨石已包括1.5厚水泥砂浆找平层在内。彩色镜面已包括油石抛光。

3. 混凝土楼地面

工作内容：1. 细石混凝土楼地面：清理基层、调运细石混凝土、浇捣、抹面、压光、养护；
2. 混凝土面加浆抹光：加浆、抹面、压光、养护；
3. 表面压横道纹：在表面压平后，用棕毛刷(或定做拉毛板)进行拉毛。 计量单位：100m²

定额编号				Z1-10	Z1-11	Z1-12	Z1-13
项目名称				细石混凝土楼地面		混凝土面加浆抹光随捣随抹	表面压横道纹
				40mm厚	每增减5mm	2mm厚	
基价（元）				2148.86	229.43	268.74	123.96
其中	人工费（元）			674.52	59.64	203.28	113.96
	材料费（元）			1346.36	151.90	61.46	3.00
	机械费（元）			127.98	17.89	4.00	7.00
名称		单位	单价(元)	消耗量			
人工	综合工日	工日	140.00	4.818	0.426	1.452	0.814
材料	108胶	kg	2.00	5.200	—	—	—
	电	kW·h	0.68	1.636	0.206	—	—
	水	m³	7.96	1.000	—	—	—
	水泥 32.5级	kg	0.29	151.600	—	—	—
	水泥砂浆 1：1	m³	304.25	—	—	0.202	—
	素水泥浆	m³	444.07	0.100	—	—	—
	塑料薄膜	m²	0.20	22.000	—	—	—
	细砂	t	53.00	0.189	—	—	—
	现浇混凝土 C20	m³	296.56	4.040	0.505	—	—
	其他材料费	元	1.00	26.000	2.000	—	3.000
机械	双锥反转出料混凝土搅拌机 500L	台班	277.72	0.360	0.050	—	—
	其他机械费	元	1.00	28.000	4.000	4.000	7.000

4. 找平层

工作内容：清理基层、调运砂浆、刷素水泥浆、找平、压实、养护。　　　　计量单位：$100m^2$

定额编号				Z1-14	Z1-15
项目名称				水泥砂浆找平层	
				20mm厚	每增减5mm厚
基价（元）				1172.95	209.01
其中	人工费（元）			508.20	60.06
	材料费（元）			576.56	129.88
	机械费（元）			88.19	19.07
	名称	单位	单价(元)	消耗量	
人工	综合工日	工日	140.00	3.630	0.429
材料	108胶	kg	2.00	5.200	—
	水	m^3	7.96	0.660	—
	水泥砂浆 1：3	m^3	250.74	2.020	0.510
	素水泥浆	m^3	444.07	0.100	—
	其他材料费	元	1.00	10.000	2.000
机械	灰浆搅拌机 200L	台班	215.26	0.340	0.070
	其他机械费	元	1.00	15.000	4.000

工作内容：清理基层、刷素水泥浆、调运砂浆，找平、压实、养护。 计量单位：100m²

定额编号				Z1-16	Z1-17
项目名称				细石混凝土找平层	
				30mm厚	每增减5mm厚
基价（元）				1621.80	230.92
其中	人工费（元）			539.00	59.64
	材料费（元）			979.48	153.39
	机械费（元）			103.32	17.89
名称		单位	单价(元)	消耗量	
人工	综合工日	工日	140.00	3.850	0.426
材料	108胶	kg	2.00	5.200	—
	电	kW·h	0.68	1.236	0.208
	水	m³	7.96	0.660	—
	素水泥浆	m³	444.07	0.100	—
	现浇混凝土 C20	m³	296.56	3.030	0.510
	其他材料费	元	1.00	20.000	2.000
机械	双锥反转出料混凝土搅拌机 500L	台班	277.72	0.300	0.050
	其他机械费	元	1.00	20.000	4.000

5. 其他面层

工作内容：清洁处理地面、打磨除尘、补腻子、涂刷、镘刀刮面。　　　　计量单位：100m²

定额编号				Z1-18
项目名称				水泥自流平地面(2mm厚)
基价（元）				1134.33
其中	人工费（元）			431.20
	材料费（元）			675.00
	机械费（元）			28.13
名称		单位	单价(元)	消耗量
人工	综合工日	工日	140.00	3.080
材料	水泥自流平混合料	kg	2.00	330.000
	其他材料费	元	1.00	15.000
机械	平面水磨石机 3kW	台班	20.16	0.800
	其他机械费	元	1.00	12.000

工作内容：撒金刚砂屑、揉压、抹平、压光、养护。　　计量单位：100m²

定额编号				**Z1-19**
项目名称				金刚砂耐磨地坪
基价（元）				**1661.75**
其中	人工费（元）			462.00
	材料费（元）			1136.43
	机械费（元）			63.32
名称		**单位**	**单价（元）**	**消耗量**
人工	综合工日	工日	140.00	3.300
材料	金刚砂屑	kg	2.00	500.000
	水泥 42.5级	kg	0.33	195.250
	其他材料费	元	1.00	72.000
机械	平面水磨石机 3kW	台班	20.16	2.000
	其他机械费	元	1.00	23.000

注：金刚砂耐磨地坪是直接在混凝土面上施工。

二、块料面层

1. 石材楼地面

工作内容：清理基层、放线测量预拼、刷素水泥浆、调制砂浆或粘结剂、锯板、打底、镶贴石材、清理净面。

计量单位：100m²

定额编号				Z1-20	Z1-21	Z1-22	Z1-23
项目名称				石材			
				专用粘结剂	干硬性水泥砂浆	图案镶贴	
						专用粘结剂	干硬性水泥砂浆
基价（元）				20292.02	19486.81	21129.28	20357.95
其中	人工费（元）			1917.30	2060.52	2433.20	2610.30
	材料费（元）			18327.72	17308.10	18649.08	17629.46
	机械费（元）			47.00	118.19	47.00	118.19
名称		单位	单价（元）	消耗量			
人工	综合工日	工日	140.00	13.695	14.718	17.380	18.645
材料	108胶	kg	2.00	—	5.200	—	5.200
	白水泥	kg	0.78	20.000	20.000	20.000	20.000
	干硬性水泥砂浆	m³	235.34	—	3.030	—	3.030
	锯木屑	m³	14.86	0.600	0.600	0.600	0.600
	棉纱头	kg	6.00	1.000	1.000	1.000	1.000
	石材	m²	160.00	102.000	102.000	104.000	104.000
	石材专用粘结剂	kg	3.20	600.000	—	600.000	—
	石料切割锯片	片	39.00	0.385	0.385	0.420	0.420
	水	m³	7.96	0.400	0.800	0.400	0.800
	水泥 32.5级	kg	0.29	—	459.700	—	459.700
	素水泥浆	m³	444.07	—	0.100	—	0.100
	其他材料费	元	1.00	39.000	35.000	39.000	35.000
机械	灰浆搅拌机 200L	台班	215.26	—	0.340	—	0.340
	其他机械费	元	1.00	47.000	45.000	47.000	45.000

工作内容：清理基层、放线测量预拼、刷素水泥浆、调制砂浆或粘结剂、锯板、打底、镶贴石材、清理净面。

计量单位：100m²

定额编号				Z1-24	Z1-25	Z1-26
项目名称				石材拼花(成品)		石材拼碎块料
				专用粘结剂	干硬性水泥砂浆	
基价（元）				55731.88	54931.81	9183.25
其中	人工费（元）			2669.80	2799.16	2140.60
	材料费（元）			53032.08	52012.46	6918.46
	机械费（元）			30.00	120.19	124.19
名称		单位	单价(元)	消耗量		
人工	综合工日	工日	140.00	19.070	19.994	15.290
材料	108胶	kg	2.00	—	5.200	5.200
	白水泥	kg	0.78	20.000	20.000	—
	干硬性水泥砂浆	m³	235.34	—	3.030	3.030
	锯木屑	m³	14.86	0.600	0.600	—
	棉纱头	kg	6.00	1.000	1.000	2.000
	石材拼花(成品)	m²	500.00	102.000	102.000	—
	石材专用粘结剂	kg	3.20	600.000	—	—
	石料切割锯片	片	39.00	0.420	0.420	0.420
	水	m³	7.96	0.400	0.800	0.800
	水泥 32.5级	kg	0.29	—	459.700	459.700
	水泥砂浆 1∶1.5	m³	291.03	—	—	0.500
	素水泥浆	m³	444.07	—	0.100	0.100
	碎块石材	m²	58.00	—	—	100.000
	其他材料费	元	1.00	62.000	58.000	37.000
机械	灰浆搅拌机 200L	台班	215.26	—	0.340	0.340
	其他机械费	元	1.00	30.000	47.000	51.000

2. 地砖楼地面

工作内容：清理基层、刷素水泥浆、调制水泥砂浆或粘结剂、锯板、贴地砖、擦缝、清理净面、养护。

计量单位：100m²

定额编号				Z1-27	Z1-28
项目名称				地砖周长1.2m以内	
				专用粘结剂	干硬性水泥砂浆
基价（元）				8241.58	8356.15
其中	人工费（元）			2017.40	2146.20
	材料费（元）			6189.18	6091.15
	机械费（元）			35.00	118.80
名称		单位	单价(元)	消耗量	
人工	综合工日	工日	140.00	14.410	15.330
材料	108胶	kg	2.00	—	5.200
	白水泥	kg	0.78	20.000	20.000
	瓷砖专用粘结剂	kg	2.50	400.000	—
	地砖 300×300以下	m²	50.00	102.000	102.000
	干硬性水泥砂浆	m³	235.34	—	3.030
	锯木屑	m³	14.86	0.600	0.600
	棉纱头	kg	6.00	1.000	1.000
	石料切割锯片	片	39.00	0.300	0.300
	水	m³	7.96	1.000	1.600
	水泥 32.5级	kg	0.29	—	459.700
	素水泥浆	m³	444.07	—	0.100
	其他材料费	元	1.00	39.000	35.000
机械	灰浆搅拌机 200L	台班	215.26	—	0.380
	其他机械费	元	1.00	35.000	37.000

工作内容：清理基层、刷素水泥浆、调制水泥砂浆或粘结剂、锯板、贴地砖、擦缝、清理净面、养护。

计量单位：100m²

定额编号				Z1-29	Z1-30
项目名称				地砖周长3.2m以内	地砖周长3.2m以上
				干硬性水泥砂浆	
基价（元）				11122.33	13518.19
其中	人工费（元）			1810.20	2108.40
	材料费（元）			9188.03	11285.69
	机械费（元）			124.10	124.10
名称		单位	单价(元)	消耗量	
人工	综合工日	工日	140.00	12.930	15.060
材料	108胶	kg	2.00	5.200	5.200
	白水泥	kg	0.78	14.000	10.000
	地砖 800×800以内	m²	80.00	102.500	—
	地砖 800×800以上	m²	100.00	—	103.000
	干硬性水泥砂浆	m³	235.34	3.030	3.030
	锯木屑	m³	14.86	0.600	0.600
	棉纱头	kg	6.00	1.000	1.000
	石料切割锯片	片	39.00	0.340	0.360
	水	m³	7.96	1.600	1.600
	水泥 32.5级	kg	0.29	459.700	459.700
	素水泥浆	m³	444.07	0.100	0.100
	其他材料费	元	1.00	35.000	35.000
机械	灰浆搅拌机 200L	台班	215.26	0.400	0.400
	其他机械费	元	1.00	38.000	38.000

工作内容：清理基层、刷素水泥浆、调制水泥砂浆或粘结剂、锯板、贴地砖、擦缝、清理净面、养护。

计量单位：100m²

定额编号				Z1-31	Z1-32
项目名称				地砖图案镶贴	
				专用粘结剂	干硬性水泥砂浆
基价（元）				11629.54	11723.41
其中	人工费（元）			2121.00	2280.60
	材料费（元）			9470.54	9318.71
	机械费（元）			38.00	124.10
名称		单位	单价（元）	消耗量	
人工	综合工日	工日	140.00	15.150	16.290
材料	108胶	kg	2.00	—	5.200
	白水泥	kg	0.78	30.000	20.000
	瓷砖专用粘结剂	kg	2.50	420.000	—
	地砖 800×800以内	m²	80.00	104.000	104.000
	干硬性水泥砂浆	m³	235.34	—	3.030
	锯木屑	m³	14.86	0.600	0.600
	棉纱头	kg	6.00	1.000	1.000
	石料切割锯片	片	39.00	0.340	0.340
	水	m³	7.96	1.000	1.600
	水泥 32.5级	kg	0.29	—	459.700
	素水泥浆	m³	444.07	—	0.100
	其他材料费	元	1.00	41.000	41.000
机械	灰浆搅拌机 200L	台班	215.26	—	0.400
	其他机械费	元	1.00	38.000	38.000

3. 其他块料楼地面

工作内容：清理基层、刷素水泥浆、调制水泥砂浆或粘结剂、贴块料、清理净面、养护。

计量单位：100m²

定额编号				Z1-33	Z1-34	Z1-35	Z1-36
项目名称				陶瓷锦砖楼地面			
				不拼花	拼花	不拼花	拼花
				水泥砂浆		专用粘结剂	
基价（元）				10292.09	11054.89	11665.62	12390.62
其中	人工费（元）			2738.40	3371.20	2573.20	3168.20
	材料费（元）			7442.50	7572.50	9054.42	9184.42
	机械费（元）			111.19	111.19	38.00	38.00
名称		单位	单价(元)	消耗量			
人工	综合工日	工日	140.00	19.560	24.080	18.380	22.630
材料	108胶	kg	2.00	5.200	5.200	—	—
	白水泥	kg	0.78	30.000	30.000	40.000	40.000
	锦砖专用粘结剂	kg	4.00	—	—	550.000	550.000
	棉纱头	kg	6.00	2.000	2.000	2.000	2.000
	石料切割锯片	片	39.00	0.340	0.340	0.340	0.340
	水	m³	7.96	1.600	1.600	1.000	1.000
	水泥砂浆 1∶1	m³	304.25	0.510	0.510	—	—
	水泥砂浆 1∶3	m³	250.74	1.520	1.520	—	—
	素水泥浆	m³	444.07	0.100	0.100	—	—
	陶瓷锦砖	m²	65.00	104.000	106.000	104.000	106.000
	其他材料费	元	1.00	30.000	30.000	30.000	30.000
机械	灰浆搅拌机 200L	台班	215.26	0.340	0.340	—	—
	其他机械费	元	1.00	38.000	38.000	38.000	38.000

工作内容：清理基层、镶垫片，安装玻璃、打胶固定、净面。　　计量单位：100m²

定额编号				Z1-37
项目名称				钢化玻璃楼地面
基价（元）				33577.60
其中	人工费（元）			2886.80
	材料费（元）			30678.80
	机械费（元）			12.00
名称		单位	单价(元)	消耗量
人工	综合工日	工日	140.00	20.620
材料	玻璃胶 310mL	支	7.80	96.800
	夹胶钢化玻璃 10+1.52PVB+10	m²	260.00	102.000
	绝缘橡胶垫片	m²	32.24	14.000
	泡沫棒 φ8	m	0.60	354.000
	橡胶垫条	m	7.50	354.000
	其他材料费	元	1.00	85.000
机械	其他机械费	元	1.00	12.000

三、橡塑面层

工作内容：清理基层、涂粘接剂、贴面层、滚压、净面。　　计量单位：$100m^2$

定额编号				Z1-38	Z1-39
项目名称				楼地面	
				橡胶地板	塑胶卷材
基价（元）				12464.60	10147.60
其中	人工费（元）			824.60	607.60
	材料费（元）			11630.00	9530.00
	机械费（元）			10.00	10.00
名称		单位	单价(元)	消耗量	
人工	综合工日	工日	140.00	5.890	4.340
材料	胶粘剂 504	kg	32.00	35.000	35.000
	塑胶卷材	m^2	80.00	—	105.000
	橡胶地板	m^2	100.00	105.000	—
	其他材料费	元	1.00	10.000	10.000
机械	其他机械费	元	1.00	10.000	10.000

四、其他材料面层

1.地毯楼地面

工作内容：清扫基层、钉压条、拼接、刷胶、铺设、修边、净面。　　计量单位：100m²

定额编号				Z1-40	Z1-41
项目名称				地毯固定	
				不带垫	带垫
基价（元）				7133.20	9000.40
其中	人工费（元）			928.20	1030.40
	材料费（元）			6205.00	7970.00
	机械费（元）			—	—
名称		单位	单价(元)	消耗量	
人工	综合工日	工日	140.00	6.630	7.360
材料	地毯(含辅材)	m²	60.00	103.000	103.000
	地毯胶垫	m²	16.00	—	110.000
	其他材料费	元	1.00	25.000	30.000

注：800×800以下方块地毯，胶粘人工乘以系数1.3。

2. 木地板

工作内容：清扫基层、铺设、净面。　　　　计量单位：100m²

定额编号				Z1-42	Z1-43
项目名称				木地板悬浮安装	木地板铺在木楞上
基价（元）				6835.20	26050.60
其中	人工费（元）			515.20	824.60
	材料费（元）			6300.00	25200.00
	机械费（元）			20.00	26.00
名称		单位	单价(元)	消耗量	
人工	综合工日	工日	140.00	3.680	5.890
材料	强化木地板(含辅材)	m²	60.00	105.000	—
	实木地板(含辅材)	m²	240.00	—	105.000
机械	其他机械费	元	1.00	20.000	26.000

工作内容：1.地台木板龙骨：清理地面、弹线分割、排版；
2.地台钢龙骨：切割下料、钉装龙骨、焊接龙骨、点刷防锈漆。　　　　计量单位：100m²

定额编号				Z1-44
项目名称				地台木板龙骨H=150～300
基价（元）				9267.92
其中	人工费（元）			2062.20
	材料费（元）			7144.12
	机械费（元）			61.60
名称		单位	单价(元)	消耗量
人工	综合工日	工日	140.00	14.730
材料	防腐油	kg	1.46	2.100
	工程用材	m^3	2250.00	3.000
	水泥钉	kg	11.97	5.000
	铁钉	kg	3.56	20.000
	其他材料费	元	1.00	260.000
机械	木工圆锯机 500mm	台班	25.33	0.300
	其他机械费	元	1.00	54.000

工作内容：1. 地台木板龙骨：清理地面、弹线分割、排版；
2. 地台钢龙骨：切割下料、钉装龙骨、焊接龙骨、点刷防锈漆。　计量单位：t

定额编号				Z1-45
项目名称				地台钢地龙骨
基价（元）				7389.72
其中	人工费（元）			1241.80
	材料费（元）			5773.88
	机械费（元）			374.04
名称		单位	单价(元)	消耗量
人工	综合工日	工日	140.00	8.870
材料	电焊条	kg	5.98	12.000
	镀锌钢材	kg	4.90	1060.000
	防锈漆	kg	5.62	6.000
	合金钢钻头 φ20	个	11.00	3.400
	膨胀螺栓 φ10×100	套	1.10	280.000
	其他材料费	元	1.00	129.000
机械	交流弧焊机 32kV·A	台班	83.14	2.400
	岩石切割机 3kW	台班	47.25	2.000
	其他机械费	元	1.00	80.000

工作内容：1. 地台基层板：下料、涂胶、铺地台基层板；
2. 木地板地楞：清理找平、下料、刷防腐油、安龙骨。

计量单位：100m²

定额编号				Z1-46	Z1-47	Z1-48
项目名称				地台基层板	木地板地楞	
					单向铺间距 300mm	双向铺间距 300mm×300mm
基价（元）				5151.11	2062.63	3304.34
其中	人工费（元）			840.00	618.80	866.60
	材料费（元）			4250.58	1388.50	2354.68
	机械费（元）			60.53	55.33	83.06
名称		单位	单价(元)	消耗量		
人工	综合工日	工日	140.00	6.000	4.420	6.190
材料	白乳胶	kg	5.38	10.000	—	—
	防腐油	kg	1.46	—	9.000	15.300
	工程用材	m³	2250.00	—	0.580	0.986
	木楔	百个	2.00	—	12.000	21.128
	铁钉	kg	3.56	8.000	6.000	10.559
	细木工板 18mm	m²	38.46	105.000	—	—
	其他材料费	元	1.00	130.000	25.000	34.000
机械	木工圆锯机 500mm	台班	25.33	1.600	1.000	1.700
	其他机械费	元	1.00	20.000	30.000	40.000

工作内容：1.地台基层板：下料、涂胶、铺地台基层板；
2.木地板地塄：清理找平、下料、刷防腐油、安龙骨。　　计量单位：100m²

定额编号				**Z1-49**
项目名称				旧木地板上机械磨光
基价（元）				**515.20**
其中	人工费（元）			515.20
	材料费（元）			—
	机械费（元）			—
	名称	**单位**	**单价(元)**	**消耗量**
人工	综合工日	工日	140.00	3.680

3. 防静电活动地板

工作内容：清理基层、定位放线、安装支架横梁、铺设地板、切割、清理净面。　　　计量单位：100m²

定额编号				Z1-50
项目名称				金属地板
基价（元）				18379.10
其中	人工费（元）			1750.00
	材料费（元）			16597.10
	机械费（元）			32.00
名称		单位	单价(元)	消耗量
人工	综合工日	工日	140.00	12.500
材料	钢质防静电地板(含支架)	m²	160.00	103.000
	棉纱头	kg	6.00	1.000
	泡沫塑料密封条	m	0.80	93.000
	石料切割锯片	片	39.00	0.300
	其他材料费	元	1.00	25.000
机械	其他机械费	元	1.00	32.000

五、踢脚线

1. 水泥砂浆踢脚线

工作内容：清理基层、调运砂浆、抹面、压光、养护。　　计量单位：100m

定　额　编　号				**Z1-51**
项　目　名　称				水泥砂浆踢脚线
基　　价（元）				**398.24**
其中	人　工　费（元）			340.20
	材　料　费（元）			56.04
	机　械　费（元）			2.00
名　　称		**单位**	**单价(元)**	**消　耗　量**
人工	综合工日	工日	140.00	2.430
材料	水	m^3	7.96	0.180
	水泥砂浆 1∶2	m^3	281.46	0.080
	水泥砂浆 1∶3	m^3	250.74	0.120
	其他材料费	元	1.00	2.000
机械	其他机械费	元	1.00	2.000

2. 石材踢脚线

工作内容：清理基层、试排弹线、调运水泥砂浆或粘结剂、锯板、铺贴饰面、清理净面。

计量单位：100m

定额编号				Z1-52	Z1-53
项目名称				石材成品踢脚线	
				水泥砂浆	粘结剂
基价（元）				2164.51	2331.53
其中	人工费（元）			445.20	492.80
	材料费（元）			1699.70	1827.73
	机械费（元）			19.61	11.00
名称		单位	单价(元)	消耗量	
人工	综合工日	工日	140.00	3.180	3.520
材料	108胶	kg	2.00	—	4.820
	白水泥	kg	0.78	1.240	1.240
	玻璃胶 310mL	支	7.80	—	12.000
	石材	m^2	160.00	10.200	10.200
	石料切割锯片	片	39.00	0.039	0.039
	水	m^3	7.96	0.100	—
	水泥砂浆 1：1	m^3	304.25	0.146	—
	云石胶	kg	7.00	—	10.000
	其他材料费	元	1.00	20.000	20.000
机械	灰浆搅拌机 200L	台班	215.26	0.040	—
	其他机械费	元	1.00	11.000	11.000

注：踢脚线磨边、倒角费用应另计。

3. 地砖踢脚线

工作内容：清理基层、调制水泥砂浆或粘结剂、刷素水泥浆、锯板、贴块料、擦缝、清理净面。

计量单位：100m

定额编号				Z1-54	Z1-55
项目名称				地砖	
				水泥砂浆	粘结剂
基价（元）				1328.34	1352.85
其中	人工费（元）			428.40	385.00
	材料费（元）			888.63	960.85
	机械费（元）			11.31	7.00
名称		单位	单价(元)	消耗量	
人工	综合工日	工日	140.00	3.060	2.750
材料	108胶	kg	2.00	1.000	—
	白水泥	kg	0.78	2.400	2.666
	瓷砖专用粘结剂	kg	2.50	—	50.000
	地砖 800×800以内	m²	80.00	10.200	10.200
	棉纱头	kg	6.00	0.100	0.100
	石料切割锯片	片	39.00	0.030	0.030
	水	m³	7.96	0.100	—
	水泥砂浆 1∶1	m³	304.25	0.146	—
	素水泥浆	m³	444.07	0.013	—
	其他材料费	元	1.00	16.000	16.000
机械	灰浆搅拌机 200L	台班	215.26	0.020	—
	其他机械费	元	1.00	7.000	7.000

注：用地砖加工成踢脚线的切割、磨边费用应另计。

4. 木质踢脚线

工作内容：清理基层，下料埋木楔，刷防腐油、基层板安装，刷胶，贴面层，钉压条，清理面层。

计量单位：100m

定额编号				Z1-56
项目名称				木踢脚线
				贴饰面板基层板(高150mm)
基价（元）				1979.61
其中	人工费（元）			673.40
	材料费（元）			1292.21
	机械费（元）			14.00
名称		单位	单价(元)	消耗量
人工	综合工日	工日	140.00	4.810
材料	白乳胶	kg	5.38	1.850
	工程用材	m^3	2250.00	0.100
	木压条	m	2.50	108.000
	十二厘板	m^2	25.00	15.750
	饰面板	m^2	18.00	15.750
	铁钉	kg	3.56	1.210
	万能胶	kg	18.00	4.650
	其他材料费	元	1.00	22.000
机械	其他机械费	元	1.00	14.000

5. 其他踢脚线

工作内容：预埋木楔，刷防腐油，基层板安装、踢脚板安装。 计量单位：100m

定额编号				Z1-57	Z1-58
项目名称				不锈钢踢脚线	成品木踢脚线
基价（元）				3088.13	1451.03
其中	人工费（元）			551.60	254.80
	材料费（元）			2484.53	1182.23
	机械费（元）			52.00	14.00
名称		单位	单价(元)	消耗量	
人工	综合工日	工日	140.00	3.940	1.820
材料	不锈钢踢脚线(成品)	m²	200.00	10.500	—
	成品木踢脚线	m	11.00	—	105.000
	防腐油	kg	1.46	3.660	3.660
	木楔	百个	2.00	1.290	1.290
	十二厘板	m²	25.00	10.500	—
	铁钉	kg	3.56	1.210	1.210
	万能胶	kg	18.00	3.600	—
	其他材料费	元	1.00	45.000	15.000
机械	其他机械费	元	1.00	52.000	14.000

注：1. 高度不同时，基层板和万能胶按比例换算，面板含量按展开面积乘以系数1.05换算，其他不变；
2. 已含不锈钢板加工成踢脚线的加工费；
3. 铝塑板踢脚线同不锈钢踢脚线换算。

六、楼梯装饰

1. 石材楼梯面层

工作内容：清理基层、试排弹线、刷素水泥浆，调运铺设砂浆、锯板、铺贴饰面、清理净面。

计量单位：100m²

定额编号				Z1-59	Z1-60	Z1-61	Z1-62
项目名称				石材楼梯		石材弧形楼梯	
				干硬性水泥砂浆	专用粘结剂	干硬性水泥砂浆	专用粘结剂
基价（元）				29765.29	30834.13	32271.29	33309.33
其中	人工费（元）			5159.00	4851.00	5336.80	4998.00
	材料费（元）			24443.74	25941.13	26763.94	28261.33
	机械费（元）			162.55	42.00	170.55	50.00
名称		单位	单价(元)	消耗量			
人工	综合工日	工日	140.00	36.850	34.650	38.120	35.700
材料	108胶	kg	2.00	7.280	—	7.280	—
	白水泥	kg	0.78	14.000	14.000	14.000	14.000
	干硬性水泥砂浆	m³	235.34	3.940	—	3.940	—
	锯木屑	m³	14.86	0.800	0.800	0.800	0.800
	棉纱头	kg	6.00	1.400	1.400	1.400	1.400
	石材	m²	160.00	144.690	144.690	159.160	159.160
	石材专用粘结剂	kg	3.20	—	840.000	—	840.000
	石料切割锯片	片	39.00	0.400	0.400	0.400	0.400
	水	m³	7.96	2.000	2.000	2.000	2.000
	水泥 32.5级	kg	0.29	643.580	—	643.580	—
	素水泥浆	m³	444.07	0.140	—	0.140	—
	其他材料费	元	1.00	40.000	40.000	45.000	45.000
机械	灰浆搅拌机 200L	台班	215.26	0.560	—	0.560	—
	其他机械费	元	1.00	42.000	42.000	50.000	50.000

2. 地砖楼梯面层

工作内容：清理基层、试排弹线、刷素水泥浆，调运铺设砂浆、锯板、铺贴饰面、清理净面。

计量单位：100m²

定额编号				Z1-63
项目名称				地砖楼梯面 干硬性水泥砂浆
基价（元）				18386.58
其中	人工费（元）			5360.60
	材料费（元）			12865.43
	机械费（元）			160.55
名称		单位	单价(元)	消耗量
人工	综合工日	工日	140.00	38.290
材料	108胶	kg	2.00	7.280
	白水泥	kg	0.78	14.100
	地砖 800×800以内	m²	80.00	144.690
	干硬性水泥砂浆	m³	235.34	3.940
	锯木屑	m³	14.86	0.800
	棉纱头	kg	6.00	1.400
	石料切割锯片	片	39.00	0.400
	水	m³	7.96	1.600
	水泥 32.5级	kg	0.29	643.580
	素水泥浆	m³	444.07	0.140
	其他材料费	元	1.00	40.000
机械	灰浆搅拌机 200L	台班	215.26	0.560
	其他机械费	元	1.00	40.000

注：地砖加工切割成踏步板磨边费用另计。

3. 水泥砂浆楼梯面层

工作内容：清理基层、刷素水泥浆、调运砂浆、抹面、压光、养护。　　　　计量单位：100m²

定额编号				Z1-64
项目名称				楼梯水泥砂浆20mm厚
基价（元）				3578.30
其中	人工费（元）			2577.40
	材料费（元）			869.03
	机械费（元）			131.87
名称		单位	单价(元)	消耗量
人工	综合工日	工日	140.00	18.410
材料	108胶	kg	2.00	7.000
	水	m^3	7.96	2.050
	水泥砂浆 1：2	m^3	281.46	2.690
	素水泥浆	m^3	444.07	0.130
	塑料薄膜	m^2	0.20	29.260
	其他材料费	元	1.00	18.000
机械	灰浆搅拌机 200L	台班	215.26	0.450
	其他机械费	元	1.00	35.000

4. 地毯楼梯面层

工作内容：1. 楼梯地毯：清理基层、刷胶、拼接、铺设、修边、钉压条、净面；
2. 铜质压板：配件钻眼、安装。

计量单位：见表

定额编号				Z1-65	Z1-66	Z1-67
项目名称				楼梯地毯(满铺)		楼梯地毯配件铜质压板
				不带垫	带垫	
单位				100m²		10m
基价（元）				10051.00	12862.40	210.81
其中	人工费（元）			1575.00	1978.20	40.60
	材料费（元）			8476.00	10884.20	170.21
	机械费（元）			—	—	—
名称		单位	单价(元)	消耗量		
人工	综合工日	工日	140.00	11.250	14.130	0.290
材料	地毯(含辅材)	m²	60.00	140.600	140.600	—
	地毯胶垫	m²	16.00	—	150.200	—
	棉纱头	kg	6.00	—	—	0.100
	平头机螺丝 φ8×40	个	0.06	—	—	40.800
	铜压板 5×40	m	15.77	—	—	10.600
	其他材料费	元	1.00	40.000	45.000	—

注：1. 地毯分色、走边部分人工乘以系数1.1；
2. 压板材料不同时应换算。

七、扶手、栏杆、栏板装饰

1. 金属扶手、带栏杆栏板

工作内容：1. 不锈钢栏杆：放样、下料、焊接、安装、打磨抛光等；
2. 钢化玻璃栏板：放样、下料、焊接、玻璃安装、打磨抛光等；
3. 弯头制安。

计量单位：10m

定额编号				Z1-68	Z1-69
项目名称				不锈钢栏杆	
				直线形竖条式	钢化玻璃栏板 10mm厚全玻
基价（元）				1721.26	1790.50
其中	人工费（元）			329.00	420.00
	材料费（元）			1297.19	1247.24
	机械费（元）			95.07	123.26
名称		单位	单价（元）	消耗量	
人工	综合工日	工日	140.00	2.350	3.000
材料	玻璃胶 310mL	支	7.80	—	2.700
	不锈钢带帽螺栓 M6×25	套	0.40	—	38.210
	不锈钢法兰盖	个	4.00	12.000	12.600
	不锈钢管 202系列	kg	11.50	90.000	49.500
	不锈钢管 U型卡槽	只	2.16	—	38.210
	不锈钢焊条	kg	38.46	1.590	0.650
	不锈钢弯头 φ50	个	15.00	—	2.020
	不锈钢弯头 φ60	个	24.00	3.030	—
	钢化玻璃 δ10	m²	50.43	—	8.400
	棉纱头	kg	6.00	—	0.200
	氩气	m³	19.59	4.100	1.460
机械	管子切断机 150mm	台班	33.32	—	0.340
	管子切断机 60mm	台班	16.63	1.380	0.700
	交流弧焊机 32kV·A	台班	83.14	0.685	0.940
	抛光机	台班	27.33	0.555	0.810

工作内容：1.玻璃栏板(点支式)：放样、下料、铆接、玻璃安装、打磨抛光；
2.型钢栏杆：放样、下料、焊接、安装等。

计量单位：10m

定额编号				Z1-70	Z1-71
项目名称				不锈钢立柱 玻璃栏板(点支式)	钢管扶手 型钢栏杆
基价(元)				4204.83	1210.08
其中	人工费(元)			490.00	280.00
	材料费(元)			3583.36	831.14
	机械费(元)			131.47	98.94
名称		单位	单价(元)	消耗量	
人工	综合工日	工日	140.00	3.500	2.000
材料	白棉纱	kg	6.50	0.200	—
	扁不锈钢实心柱 1055×55×8	根	118.00	12.500	—
	不锈钢法兰盖	个	4.00	12.500	—
	不锈钢管 202系列	kg	11.50	34.000	—
	不锈钢焊条	kg	38.46	0.418	—
	不锈钢弯头 φ75	个	26.16	2.020	—
	电焊条	kg	5.98	—	2.500
	垫铁	kg	4.20	6.120	—
	钢管	kg	4.06	—	39.150
	夹胶钢化玻璃 6+0.76PVB+6	m²	162.00	9.500	—
	膨胀螺栓 M8×80	10套	3.00	3.680	—
	型钢	kg	3.70	—	170.000
	氩气	m³	19.59	1.092	—
	乙炔气	m³	11.48	—	2.460
机械	管子切断机 150mm	台班	33.32	0.340	—
	管子切断机 60mm	台班	16.63	—	0.950
	交流弧焊机 32kV·A	台班	83.14	0.400	1.000
	抛光机	台班	27.33	1.350	—
	氩弧焊机 500A	台班	92.58	0.540	—

注：不锈钢立柱数量可按实乘以1.01系数调整。

2. 实木扶手、带栏杆栏板

工作内容：制作、放样、下料、焊接、安装、清理。　　　　计量单位：10m

定额编号				Z1-72	Z1-73	Z1-74
项目名称				实木扶手		
				铸铁花饰栏杆	型钢栏杆	木栏杆
基价（元）				**2637.00**	**1928.48**	**3189.28**
其中	人工费（元）			266.00	233.80	413.00
	材料费（元）			2289.48	1592.20	2776.28
	机械费（元）			81.52	102.48	—
名称		单位	单价（元）	消耗量		
人工	综合工日	工日	140.00	1.900	1.670	2.950
材料	白乳胶	kg	5.38	—	—	1.500
	扁钢	kg	3.40	1.470	—	1.470
	电焊条	kg	5.98	2.500	2.500	—
	矩形空心钢管	kg	3.90	37.440	—	—
	木栏杆	m	25.00	—	—	73.500
	木螺钉 M4×50	个	0.05	26.000	36.000	150.000
	实木扶手 150×60(含弯头)	m	90.00	10.200	10.200	10.200
	铁钉	kg	3.56	0.060	0.060	0.060
	型钢	kg	3.70	—	170.000	—
	乙炔气	m^3	11.48	—	2.460	—
	铸铁花片	m^2	140.00	8.600	—	—
机械	管子切断机 150mm	台班	33.32	0.700	0.830	—
	交流弧焊机 32kV·A	台班	83.14	0.700	0.900	—

3.靠墙扶手

工作内容：制作、支托煨弯，焊接安装等。 计量单位：10m

定额编号				Z1-75	Z1-76	Z1-77
项目名称				金属靠墙扶手		
				不锈钢管	铝合金	钢管
基价（元）				770.89	651.13	407.49
其中	人工费（元）			186.20	165.20	165.20
	材料费（元）			579.09	480.60	236.96
	机械费（元）			5.60	5.33	5.33
名称		单位	单价(元)	消耗量		
人工	综合工日	工日	140.00	1.330	1.180	1.180
材料	不锈钢法兰盖	个	4.00	12.000	12.000	12.000
	不锈钢管 202系列	kg	11.50	44.130	—	—
	不锈钢焊条	kg	38.46	0.120	—	—
	电焊条	kg	5.98	—	—	0.110
	钢管	kg	4.06	—	—	39.150
	钢筋(综合)	kg	3.45	—	—	7.480
	铝焊 丝301	kg	29.91	—	0.040	—
	铝合金型材	kg	21.00	—	20.390	—
	膨胀螺栓 φ10	套	1.10	11.200	—	—
	氩气	m^3	19.59	0.340	—	—
	氧气	m^3	3.63	—	0.220	0.250
	乙炔气	m^3	11.48	—	0.210	0.230
机械	管子切断机 150mm	台班	33.32	0.160	0.160	0.160
	抛光机	台班	27.33	0.010	—	—

工作内容：扶手制作、支托煨弯、焊接安装等。　　　　　　　　　　计量单位：10m

定额编号				Z1-78	Z1-79
项目名称				实木靠墙扶手	
				不锈钢支托	型钢支托
基价（元）				1333.92	1305.31
其中	人工费（元）			257.60	236.60
	材料费（元）			1076.32	1068.71
	机械费（元）			—	—
名称		单位	单价（元）	消耗量	
人工	综合工日	工日	140.00	1.840	1.690
材料	扁钢	kg	3.40	1.470	1.470
	不锈钢法兰盖	个	4.00	12.000	12.000
	不锈钢管 202系列	kg	11.50	3.240	—
	不锈钢焊条	kg	38.46	0.120	—
	不锈钢六角螺栓	个	0.09	11.000	—
	电焊条	kg	5.98	—	0.110
	镀锌钢材	kg	4.90	—	7.080
	木螺钉 M4×50	个	0.05	36.000	36.000
	膨胀螺栓 M8×80	套	0.30	—	11.000
	实木扶手 150×60	m	90.00	10.600	10.600
	氩气	m^3	19.59	0.340	—
	乙炔气	m^3	11.48	—	0.110
	其他材料费	元	1.00	18.000	20.000

4. 单独扶手

工作内容：制作、安装。

计量单位：10m

定额编号				Z1-80	Z1-81
项目名称				不锈钢扶手	钢管扶手
				Φ60	Φ50
基价（元）				483.51	290.97
其中	人工费（元）			123.20	103.60
	材料费（元）			346.84	173.90
	机械费（元）			13.47	13.47
名称		单位	单价(元)	消耗量	
人工	综合工日	工日	140.00	0.880	0.740
材料	不锈钢管 202系列	kg	11.50	29.150	—
	不锈钢焊条	kg	38.46	0.200	—
	电焊条	kg	5.98	—	2.500
	钢管	kg	4.06	—	39.150
	氩气	m^3	19.59	0.200	—
机械	管子切断机 60mm	台班	16.63	0.160	0.160
	交流弧焊机 32kV·A	台班	83.14	0.130	0.130

工作内容：制作、安装。　　　　　　　　　　　　　　　　　　　　　　　　计量单位：10m

定额编号				Z1-82	Z1-83	Z1-84
项目名称				实木扶手		人造石扶手
				直形	弧形	
基价（元）				1108.22	1160.02	1174.00
其中	人工费（元）			154.00	205.80	252.00
	材料费（元）			954.22	954.22	922.00
	机械费（元）			—	—	—
名称		单位	单价(元)	消耗量		
人工	综合工日	工日	140.00	1.100	1.470	1.800
材料	钢筋(综合)	kg	3.45	—	—	1.000
	环氧树脂	kg	32.08	—	—	1.500
	棉纱头	kg	6.00	—	—	1.000
	木螺钉	个	0.02	11.000	11.000	—
	人造石扶手	m	80.00	—	—	10.600
	实木扶手 150×60	m	90.00	10.600	10.600	—
	水泥砂浆 1∶1	m^3	304.25	—	—	0.054

5. 成品栏杆

工作内容：制作、放样、下料、焊接、安装、清理。　　计量单位：10m

定额编号				Z1-85
项目名称				铸铁
				铁花栏杆
基价（元）				1595.58
其中	人工费（元）			266.00
	材料费（元）			1307.58
	机械费（元）			22.00
名称		单位	单价(元)	消耗量
人工	综合工日	工日	140.00	1.900
材料	电焊条	kg	5.98	1.250
	型钢	kg	3.70	47.800
	乙炔气	m^3	11.48	0.283
	铸铁花片	m^2	140.00	8.000
机械	其他机械费	元	1.00	22.000

八、台阶

1. 石材台阶面

工作内容：清理基层、刷素水泥浆、调制铺水泥砂浆、锯板、贴块料、擦缝、清理净面，养护。

计量单位：100m²

定额编号				Z1-86	Z1-87
项目名称				石材台阶	石材弧形台阶
				水泥砂浆	
基价（元）				14912.78	16107.40
其中	人工费（元）			4271.40	4529.00
	材料费（元）			10484.44	11406.46
	机械费（元）			156.94	171.94
名称		单位	单价（元）	消耗量	
人工	综合工日	工日	140.00	30.510	32.350
材料	108胶	kg	2.00	7.800	7.800
	白水泥	kg	0.78	15.000	15.000
	干硬性水泥砂浆	m³	235.34	4.242	4.242
	锯木屑	m³	14.86	0.900	0.900
	棉纱头	kg	6.00	1.480	1.480
	石材板(综合)	m²	58.00	156.880	172.570
	石料切割锯片	片	39.00	0.400	0.400
	水	m³	7.96	2.850	2.850
	水泥 32.5级	kg	0.29	643.580	643.580
	素水泥浆	m³	444.07	0.150	0.150
	其他材料费	元	1.00	46.000	58.000
机械	灰浆搅拌机 200L	台班	215.26	0.520	0.520
	其他机械费	元	1.00	45.000	60.000

2. 块料台阶面

工作内容：清理基层、刷素水泥浆、调制水泥砂浆、锯板、贴块料、擦缝、清理净面，养护。

计量单位：100m²

定额编号				Z1-88
项目名称				地砖台阶 水泥砂浆
基价（元）				18285.19
其中	人工费（元）			4188.80
	材料费（元）			13939.45
	机械费（元）			156.94
名称		单位	单价(元)	消耗量
人工	综合工日	工日	140.00	29.920
材料	108胶	kg	2.00	7.800
	白水泥	kg	0.78	15.000
	地砖 800×800以内	m²	80.00	156.880
	干硬性水泥砂浆	m³	235.34	4.240
	锯木屑	m³	14.86	0.900
	棉纱头	kg	6.00	1.500
	石料切割锯片	片	39.00	0.400
	水	m³	7.96	2.850
	水泥 32.5级	kg	0.29	643.580
	素水泥浆	m³	444.07	0.150
	其他材料费	元	1.00	50.000
机械	灰浆搅拌机 200L	台班	215.26	0.520
	其他机械费	元	1.00	45.000

3. 水泥砂浆台阶面

工作内容：清理基层、刷素水泥浆、调运砂浆、抹面、压光、养护。　　　　计量单位：100m²

定额编号				Z1-89
项目名称				水泥砂浆台阶
				20mm厚
基价（元）				3036.73
其中	人工费（元）			1890.00
	材料费（元）			999.10
	机械费（元）			147.63
名称		单位	单价（元）	消耗量
人工	综合工日	工日	140.00	13.500
材料	108胶	kg	2.00	7.800
	水	m³	7.96	3.620
	水泥砂浆 1：2	m³	281.46	2.990
	素水泥浆	m³	444.07	0.150
	塑料薄膜	m²	0.20	32.560
	其他材料费	元	1.00	40.000
机械	灰浆搅拌机 200L	台班	215.26	0.500
	其他机械费	元	1.00	40.000

九、零星装饰项目

1. 石材零星项目

工作内容：1. 石材：清理基层、试排弹线、刷素水泥浆、调运砂浆、锯板、铺贴饰面、清理净面，养护；
2. 点缀块料：清理基层、刷素水泥浆、调制水泥砂浆、贴面层、擦缝、清理净面。

计量单位：见表

定额编号				Z1-90	Z1-91
项目名称				石材	
				水泥砂浆	楼地面点缀块料
单位				100m²	10个
基价（元）				**21763.64**	**142.96**
其中	人工费（元）			3969.00	42.00
	材料费（元）			17683.45	100.96
	机械费（元）			111.19	—
名称		**单位**	**单价（元）**	**消耗量**	
人工	综合工日	工日	140.00	28.350	0.300
材料	108胶	kg	2.00	5.600	—
	白水泥	kg	0.78	11.300	0.500
	锯木屑	m³	14.86	0.670	—
	棉纱头	kg	6.00	2.000	—
	石材	m²	160.00	106.000	—
	石材点缀	个	9.70	—	10.100
	石料切割锯片	片	39.00	0.400	—
	水	m³	7.96	2.900	—
	水泥砂浆 1∶2.5	m³	274.23	2.020	—
	素水泥浆	m³	444.07	0.110	—
	其他材料费	元	1.00	40.000	2.600
机械	灰浆搅拌机 200L	台班	215.26	0.340	—
	其他机械费	元	1.00	38.000	—

2. 其他块料零星项目

工作内容：清理基层、试排弹线、锯板、刷素水泥浆、调运砂浆、铺贴饰面、清理净面。

计量单位：100m²

定额编号				Z1-92	Z1-93
项目名称				地砖	广场砖
基价（元）				11956.76	8253.12
其中	人工费（元）			2695.00	3917.20
	材料费（元）			9146.42	4220.58
	机械费（元）			115.34	115.34
名称		单位	单价（元）	消耗量	
人工	综合工日	工日	140.00	19.250	27.980
材料	白水泥	kg	0.78	30.000	30.000
	地砖 800×800以内	m²	80.00	106.000	—
	广场砖	m²	40.00	—	90.000
	锯木屑	m³	14.86	0.670	0.670
	棉纱头	kg	6.00	2.000	2.000
	石料切割锯片	片	39.00	0.400	0.400
	水	m³	7.96	1.900	1.900
	水泥砂浆 1∶3	m³	250.74	2.020	2.020
	素水泥浆	m³	444.07	0.110	—
	其他材料费	元	1.00	35.000	38.000
机械	灰浆搅拌机 200L	台班	215.26	0.350	0.350
	其他机械费	元	1.00	40.000	40.000

3. 分隔嵌条、防滑条

工作内容：清理、切割、镶嵌、固定。　　　　计量单位：10m

定额编号				Z1-94
项目名称				楼地面金属分隔条 3×12
基价（元）				135.67
其中	人工费（元）			19.60
	材料费（元）			66.07
	机械费（元）			50.00
名称		单位	单价(元)	消耗量
人工	综合工日	工日	140.00	0.140
材料	合金钢钻头 φ10	个	2.80	0.050
	铜条 3×12	m	6.22	10.600
机械	其他机械费	元	1.00	50.000

工作内容：清理、切割、镶嵌、固定。　　　　计量单位：10m

定额编号				Z1-95	Z1-96	Z1-97
项目名称				楼梯、台阶防滑条		
				金属板(直角)	金属嵌条	金刚砂
				4×50	4×10	
基价（元）				416.24	160.84	26.51
其中	人工费（元）			35.00	35.00	15.40
	材料费（元）			381.24	125.84	11.11
	机械费（元）			—	—	—
名称		单位	单价(元)	消耗量		
人工	综合工日	工日	140.00	0.250	0.250	0.110
材料	硅酮结构胶	支	40.00	0.500	0.500	—
	金刚砂	kg	2.43	—	—	4.300
	木螺钉	个	0.02	42.000	42.000	—
	青铜板(直角) 4×50	m	34.00	10.600	—	—
	水	m^3	7.96	—	—	0.030
	水泥 32.5级	kg	0.29	—	—	1.450
	铜条 4×10	m	10.00	—	10.500	—

工作内容：清理、切割、镶嵌、固定。　　　　计量单位：10m

定额编号				Z1-98
项目名称				木地板
				压口钉铜条
基价（元）				244.84
其中	人工费（元）			35.00
	材料费（元）			209.84
	机械费（元）			—
名称		单位	单价(元)	消耗量
人工	综合工日	工日	140.00	0.250
材料	硅酮结构胶	支	40.00	0.500
	木螺钉	个	0.02	42.000
	铜条 2×50	m	18.00	10.500

4. 酸洗打蜡、石材养护

工作内容：1. 酸洗打蜡：清理表面、上草酸打蜡、磨光；
2. 石材面养护液：清理、刷养护液。

计量单位：100m²

定额编号				Z1-99	Z1-100
项目名称				酸洗打蜡	石材面养护液
基价（元）				324.85	266.18
其中	人工费（元）			280.00	204.40
	材料费（元）			44.85	61.78
	机械费（元）			—	—
名称		单位	单价（元）	消耗量	
人工	综合工日	工日	140.00	2.000	1.460
材料	草酸	kg	6.90	1.000	—
	煤油	kg	3.73	4.000	—
	清油	kg	9.70	0.530	—
	石材养护液	kg	6.60	—	9.360
	松节油	kg	3.39	0.530	—
	硬白蜡	kg	5.96	2.700	—

第二章　墙柱面工程

说　明

本章定额如注明的砂浆种类、配合比、饰面材料型号、规格（含型材）如与设计规定不同时，可按设计规定调整，但人工、机械含量不变。

1. 抹灰厚度，如设计与定额取定不同时，除定额项目有注明可以换算外，其他一律不做调整。抹灰厚度，按不同的砂浆分别列在定额项目中，如设计有规定，在不增减粉刷遍数的情况下按每增减 1mm 定额调整。

2. 圆弧形、锯齿形等不规则墙面的抹灰、镶贴块料、龙骨及饰面按相应项目人工乘以 1.15 系数。

3. 外墙贴块料面砖项目按缝宽 10mm 以内列项，其人工灰缝材料已综合考虑，如缝宽与定额规定不同时，面砖用量允许调整，其他不变。

4. 挂贴石材灌缝砂浆厚度不同，其灌缝砂浆可按实调整，人工、机械含量不变。

5. 抹灰的“零星项目”适用于各种壁柜、碗柜、过人洞、暖气壁龛、池槽、花台以及 0.5 m²以内的抹灰。

6. 抹灰的“装饰线条”适用于门窗套、挑檐、腰线、压顶、遮阳板、楼梯边梁、宣传栏边框等凸出墙面或抹灰面展开宽度 300mm 以内的竖、横线条抹灰。

7. 超过 300mm 且面积不大于 0.5 m²的线条抹灰按“零星项目”执行。块料镶贴的“零星项目”适用于挑檐、腰线、压顶、遮阳板、天沟、窗台线、扶手、雨篷、阳台侧边等。

8. 面层、隔墙（间隔）、隔断定额内，除注明者外均未包括压条、收边、装饰线（板），如设计要求时，应按相应定额计算。

9. 面层、木基层均未包括刷防火涂料，如设计要求时，应按相应定额计算。

10. 木龙骨断面、间距、轻钢龙骨的材料规格、间距与设计要求不同时，材料用量可以调整，但人工、机械用量不变。

11. 梁、柱面定额仅适用于独立梁、柱，附墙梁柱按展开面积并入相应的墙面工程量内。

工程量计算规则

一、内墙抹灰工程量按以下规则计算：

1. 内墙抹灰按设计图示尺寸以面积计算，应扣除门窗洞口和空圈所占的面积，不扣除踢脚线、挂镜线、0.3 ㎡以内的孔洞和墙与构件交接处的面积，门窗洞口侧壁和顶面亦不增加。附墙柱、梁、垛和附墙烟囱侧壁面积并入相应的墙面面积内。

2. 内墙面抹灰的长度以主墙间图示净长尺寸计算。其高度确定如下：

（1）高度按室内地面或楼面至天棚底面之间距离计算。

（2）有吊顶的装饰天棚的内墙面抹灰，其高度按室内地面或楼面至天棚底面另加 100 ㎜计算。

二、外墙抹灰工程量按以下规则计算：

1. 外墙抹灰按设计图示尺寸以外墙垂直投影面积计算，应扣除门窗洞口及大于 0.3 ㎡孔洞所占面积，洞口侧壁面积不另增加。附墙柱、垛、梁侧面抹灰面积并入外墙面抹灰工程量内计算。栏板、窗台线、门窗套、扶手、压顶、柱、挑檐、遮阳板、突出墙外的腰线等，另按相应规定计算。

2. 窗台线、门窗套、挑檐、腰线、遮阳板等展开宽度在 300 ㎜以内者，按装饰线条以延长米计算。如果展开宽度超过 300 ㎜时，按图示尺寸以展开面积计算，如果展开面积小于或等于 0.5 ㎡时套用“零星抹灰”定额；展开面积在 0.5～1.0 ㎡时，执行墙面定额，且人工数量乘以系数 1.3。

3. 栏板、栏杆（包括立柱、扶手或压顶等)抹灰按立面垂直投影面积乘以系数 2.2，女儿墙（包括泛水、挑砖)、阳台栏板内侧抹灰按垂直投影面积乘以系数 1.1，带压顶者乘以系数 1.3,按墙面定额执行。

4. 阳台底面、雨篷底面或顶面抹灰分别按水平投影面积计算，并入相应天棚抹灰面积内。雨篷外边线按相应装饰或零星项目执行。

5. 墙面、独立柱、房上烟囱勾缝按设计图示尺寸以面积计算，应扣除墙裙和墙面抹灰的面积，不扣除门窗洞口、门窗套、腰线零星抹灰所占的面积，附墙垛和门窗洞口侧面的勾缝面积亦不增加。

三、块料面层工程量按以下规定计算：

1. 墙面贴块料面层按设计图示尺寸以面积计算。

2. 镶贴块料面层的“零星项目”按设计图示饰面外围尺寸以展开面积计算。

四、木龙骨、轻钢龙骨、基层 、面层按设计图示饰面外围尺寸以展开面积计算。在基层板上造型、软包时，其工程量应与基层板分别计算。型钢龙骨按设计图示尺寸以质量计算。

五、墙裙、护壁板，按设计图示尺寸以面积计算。

六、木隔断、玻璃隔墙（隔断）、浴厕隔断按设计图示尺寸以框外围面积计算，门扇工程量并入隔断面积内计算。

八、有天棚吊顶的墙、柱面块料面层、装饰基层，计算面积时内墙面可按设计图示尺寸高度增加 100mm 计算。

九、独立柱：

1. 抹灰按结构断面周长乘以柱的高度以面积计算。

2. 镶贴块料面层、龙骨及饰面按设计图示饰面外围尺寸以面积计算。

3. 柱帽工程量按设计图示尺寸以展开面积计算，并入相应柱面积内。

一、墙面抹灰

1. 水泥砂浆抹灰

工作内容：1. 清理、修补、润湿基层表面、堵墙眼、调运砂浆、清扫落地灰；
2. 分层抹灰找平、刷浆、洒水润湿、罩面压光(包括门窗洞口侧壁及护角线抹灰)。

计量单位：100㎡

定额编号				Z2-1	Z2-2
项目名称				墙面、墙裙	
				水泥砂浆	
				20mm	每增减1mm
基价（元）				**1681.65**	**53.61**
其中	人工费（元）			974.68	19.88
	材料费（元）			615.78	29.42
	机械费（元）			91.19	4.31
名称		**单位**	**单价(元)**	**消耗量**	
人工	综合工日	工日	140.00	6.962	0.142
材料	108胶	kg	2.00	5.700	—
	水	m³	7.96	0.700	0.010
	水泥砂浆 1∶2.5	m³	274.23	0.828	0.107
	水泥砂浆 1∶3	m³	250.74	1.251	—
	素水泥浆	m³	444.07	0.106	—
	其他材料费	元	1.00	11.000	—
机械	灰浆搅拌机 200L	台班	215.26	0.340	0.020
	其他机械费	元	1.00	18.000	—

注：各类砂浆外墙粉刷人工乘以系数1.25。

2. 混合砂浆抹灰

工作内容：1. 清理、修补、润湿基层表面、堵墙眼、调运砂浆、清扫落地灰；
2. 分层抹灰找平、刷浆、洒水润湿、罩面压光(包括门窗洞口侧壁及护角线抹灰)。

计量单位：100m²

定额编号					Z2-3	Z2-4
项目名称					墙面、墙裙	
					混合砂浆	
					20mm	每增减1mm
基价（元）					**1645.40**	**49.64**
其中	人工费（元）				965.58	19.88
	材料费（元）				588.63	25.45
	机械费（元）				91.19	4.31
名称			**单位**	**单价(元)**	**消耗量**	
人工	综合工日		工日	140.00	6.897	0.142
材料	108胶		kg	2.00	5.700	—
	混合砂浆 1：1：4		m^3	262.11	0.828	—
	混合砂浆 1：1：6		m^3	237.06	1.251	0.107
	水		m^3	7.96	0.700	0.010
	素水泥浆		m^3	444.07	0.106	—
	其他材料费		元	1.00	11.000	—
机械	灰浆搅拌机 200L		台班	215.26	0.340	0.020
	其他机械费		元	1.00	18.000	—

3. 石膏砂浆

工作内容：1. 清理、修补、润湿基层表面、堵墙眼、调运砂浆、清扫落地灰；
2. 分层抹灰找平、刷浆、洒水润湿、罩面压光(包括门窗洞口侧壁及护角线抹灰)。

计量单位：100m²

定额编号				Z2-5	Z2-6
项目名称				墙面、墙裙	
				石膏砂浆	
				10mm	每增减1mm
基价（元）				1677.28	77.77
其中	人工费（元）			904.40	19.88
	材料费（元）			722.59	55.74
	机械费（元）			50.29	2.15
名称		单位	单价(元)	消耗量	
人工	综合工日	工日	140.00	6.460	0.142
材料	石膏腻子	t	450.00	0.300	—
	石膏砂浆 1∶2	t	370.00	1.540	0.150
	水	m³	7.96	0.500	0.030
	水泥砂浆 1∶2	m³	281.46	0.010	—
	其他材料费	元	1.00	11.000	—
机械	灰浆搅拌机 200L	台班	215.26	0.150	0.010
	其他机械费	元	1.00	18.000	—

4. 抗裂砂浆抹灰

工作内容：1. 清理、修补、润湿基层表面、堵墙眼、调运砂浆、清扫落地灰；
2. 裁剪、铺设网格布、分层抹灰找平、刷浆、洒水润湿、罩面压光(包括门窗洞口侧壁及护角线抹灰)。

计量单位：100m²

定额编号				Z2-7
项目名称				墙面、墙裙 批抗裂砂浆(含网格布)
基价（元）				1646.25
其中	人工费（元）			655.20
	材料费（元）			969.52
	机械费（元）			21.53
名称		单位	单价(元)	消耗量
人工	综合工日	工日	140.00	4.680
材料	抗裂砂浆	kg	1.20	633.000
	耐碱玻璃纤维网格布	m²	1.41	112.000
	其他材料费	元	1.00	52.000
机械	灰浆搅拌机 200L	台班	215.26	0.100

工作内容：1.清理、修补、润湿基层表面、堵墙眼．调运砂浆、清扫落地灰；
2.分层抹灰找平、刷浆、洒水润湿、罩面压光(包括门窗洞口侧壁及护角线抹灰)。

计量单位：100m²

定额编号				Z2-8	Z2-9
项目名称				墙面、墙裙	
				抹聚合物防水砂浆	
				10mm	每增减1mm
基价（元）				1515.95	91.50
其中	人工费（元）			793.10	19.88
	材料费（元）			681.95	67.31
	机械费（元）			40.90	4.31
名称		单位	单价(元)	消耗量	
人工	综合工日	工日	140.00	5.665	0.142
材料	防水剂	kg	1.62	29.000	2.900
	聚合物乳液	kg	2.50	132.900	13.000
	水泥砂浆 1：2	m³	281.46	1.040	0.107
	其他材料费	元	1.00	10.000	—
机械	灰浆搅拌机 200L	台班	215.26	0.190	0.020

5.室内造型分格缝

工作内容：弹线分格，贴(揭)美纹纸，分格缝处理，填充勾缝料。 计量单位：100m

定额编号				Z2-10
项目名称				分格缝
基价（元）				158.70
其中	人工费（元）			74.20
	材料费（元）			84.50
	机械费（元）			—
名称		单位	单价(元)	消耗量
人工	综合工日	工日	140.00	0.530
材料	1.2厚专用美纹纸	m	0.15	210.000
	其他材料费	元	1.00	53.000

注：木饰面铝塑板等饰面材料分缝执行此定额，顶部分缝人工乘以系数1.2。

6. 增减一遍素水泥浆

工作内容：基层清理、湿润、调运砂浆、刷水泥浆。　　　　计量单位：100m²

定额编号				Z2-11	Z2-12
项目名称				墙面增减一遍素水泥浆	
				有胶	无胶
基价（元）				141.07	124.07
其中	人工费（元）			82.60	77.00
	材料费（元）			58.47	47.07
	机械费（元）			—	—
名称		单位	单价(元)	消耗量	
人工	综合工日	工日	140.00	0.590	0.550
材料	108胶	kg	2.00	5.700	—
	素水泥浆	m³	444.07	0.106	0.106

7. 水泥砂浆勾缝

工作内容：1. 清扫墙面、修补、润湿，堵墙眼、调运砂浆、清扫落地灰；
2. 刻暗缝、勾缝、墙角修补等全部过程。

计量单位：100m²

定额编号				Z2-13
项目名称				砖墙 水泥砂浆勾凹缝
基价（元）				550.16
其中	人工费（元）			515.20
	材料费（元）			30.65
	机械费（元）			4.31
名称		单位	单价（元）	消耗量
人工	综合工日	工日	140.00	3.680
材料	水	m³	7.96	0.410
	水泥砂浆 1：1	m³	304.25	0.090
机械	灰浆搅拌机 200L	台班	215.26	0.020

二、柱、梁面抹灰

水泥(混合、石膏)砂浆抹灰

工作内容：1.清理、修补、润湿、堵墙眼、调运砂浆、清扫落地灰；
2.分层抹灰找平、刷浆、洒水润湿、罩面压光。

计量单位：100m²

定额编号				Z2-14	Z2-15	Z2-16
项目名称				柱、梁面		
				水泥砂浆	混合砂浆	石膏砂浆
基价（元）				2034.88	1870.61	2039.84
其中	人工费（元）			1364.58	1228.92	1266.16
	材料费（元）			572.65	544.04	723.39
	机械费（元）			97.65	97.65	50.29
名称		单位	单价(元)	消耗量		
人工	综合工日	工日	140.00	9.747	8.778	9.044
材料	混合砂浆 1∶1∶4	m³	262.11	—	0.650	—
	混合砂浆 1∶1∶6	m³	237.06	—	1.504	—
	石膏腻子	t	450.00	—	—	0.300
	石膏砂浆 1∶2	t	370.00	—	—	1.540
	水	m³	7.96	0.790	0.770	0.600
	水泥砂浆 1∶2	m³	281.46	—	—	0.010
	水泥砂浆 1∶2.5	m³	274.23	0.650	—	—
	水泥砂浆 1∶3	m³	250.74	1.504	—	—
	其他材料费	元	1.00	11.000	11.000	11.000
机械	灰浆搅拌机 200L	台班	215.26	0.370	0.370	0.150
	其他机械费	元	1.00	18.000	18.000	18.000

三、零星抹灰

1. 水泥砂浆抹灰

工作内容：1. 清理、修补、润湿、堵墙眼、调运砂浆、清扫落地灰；
2. 分层抹灰找平、刷浆、洒水润湿、罩面压光。

计量单位：见表

定额编号				Z2-17	Z2-18
项目名称				水泥砂浆	
				零星项目20mm	装饰线条
单位				100m²	100m
基价（元）				**2263.99**	**1136.04**
其中	人工费（元）			1509.20	939.40
	材料费（元）			650.14	175.42
	机械费（元）			104.65	21.22
	名称	**单位**	**单价(元)**	**消耗量**	
人工	综合工日	工日	140.00	10.780	6.710
材料	108胶	kg	2.00	5.700	—
	水	m³	7.96	0.790	0.160
	水泥砂浆 1∶2.5	m³	274.23	0.670	0.310
	水泥砂浆 1∶3	m³	250.74	1.550	0.180
	素水泥浆	m³	444.07	0.106	—
	其他材料费	元	1.00	13.000	44.000
机械	灰浆搅拌机 200L	台班	215.26	0.370	0.080
	其他机械费	元	1.00	25.000	4.000

2. 混合砂浆抹灰

工作内容：1. 清理、修补、润湿、堵墙眼、调运砂浆、清扫落地灰；
2. 分层抹灰找平、刷浆、洒水润湿、罩面压光。

计量单位：见表

定额编号				Z2-19	Z2-20
项目名称				混合砂浆	
				零星项目20mm	装饰线条
单位				100m²	100m
基价（元）				**2246.37**	**1094.67**
其中	人工费（元）			1532.30	908.60
	材料费（元）			609.42	164.85
	机械费（元）			104.65	21.22
名称		单位	单价(元)	消耗量	
人工	综合工日	工日	140.00	10.945	6.490
材料	混合砂浆 1∶1∶4	m³	262.11	0.670	0.130
	混合砂浆 1∶1∶6	m³	237.06	1.550	0.360
	水	m³	7.96	0.790	0.180
	素水泥浆	m³	444.07	0.106	—
	其他材料费	元	1.00	13.000	44.000
机械	灰浆搅拌机 200L	台班	215.26	0.370	0.080
	其他机械费	元	1.00	25.000	4.000

四、墙面镶贴块料

1. 挂贴石材墙面

工作内容：1. 清理、修补基层表面，刷浆、预埋铁件、制作安装钢筋网、电焊固定；
2. 选料湿水、钻孔成槽、阴阳角锯边、镶贴面层及阴阳角、穿丝固定、灌砂浆、擦缝、养护。

计量单位：100m²

定额编号				Z2-21
项目名称				挂贴石材
				墙面灌缝砂浆(30mm厚)
基价（元）				23174.26
其中	人工费（元）			4466.00
	材料费（元）			18491.56
	机械费（元）			216.70
名称		单位	单价(元)	消耗量
人工	综合工日	工日	140.00	31.900
材料	白水泥	kg	0.78	15.000
	电焊条	kg	5.98	1.510
	合金钢钻头 Φ20	个	11.00	6.550
	螺纹钢筋 HRB400 Φ10以内	kg	3.50	110.000
	棉纱头	kg	6.00	1.000
	膨胀螺栓	套	0.58	310.000
	石材	m²	160.00	102.500
	石料切割锯片	片	39.00	0.400
	水	m³	7.96	1.410
	水泥砂浆 1∶2.5	m³	274.23	3.150
	素水泥浆	m³	444.07	0.106
	塑料薄膜	m²	0.20	28.050
	铜丝 16号	kg	46.93	7.770
	其他材料费	元	1.00	120.000
机械	灰浆搅拌机 200L	台班	215.26	0.670
	交流弧焊机 32kV·A	台班	83.14	0.150
	其他机械费	元	1.00	60.000

注：砂浆厚度不同时应按实调整。

2. 粘贴石材墙面

工作内容：清理基层、调运砂浆、放线、测量预拼、刷粘结剂、切割石料、镶贴块料面层、擦缝、养护。

计量单位：100m²

定额编号				Z2-22	Z2-23
项目名称				粘贴石材墙面	
				水泥砂浆	专用粘结剂
基价（元）				19940.62	21417.55
其中	人工费（元）			2835.14	2665.74
	材料费（元）			17053.48	18699.81
	机械费（元）			52.00	52.00
名称		单位	单价（元）	消耗量	
人工	综合工日	工日	140.00	20.251	19.041
材料	108胶	kg	2.00	5.700	—
	白水泥	kg	0.78	15.000	15.000
	草酸	kg	6.90	1.000	1.000
	棉纱头	kg	6.00	1.000	1.000
	石材	m²	160.00	102.500	102.500
	石材专用粘结剂	kg	3.20	—	682.500
	石料切割锯片	片	39.00	0.400	0.400
	水泥砂浆 1∶1	m³	304.25	1.575	—
	素水泥浆	m³	444.07	0.106	—
	塑料薄膜	m²	0.20	28.050	28.050
	其他材料费	元	1.00	70.000	70.000
机械	其他机械费	元	1.00	52.000	52.000

3. 块料墙面

工作内容：选料、放线、测量预拼、切割块料、抹结合层砂浆(刷粘结剂)、贴块料、擦缝、养护、清洁表面。

计量单位：100m²

定额编号				Z2-24	Z2-25
项目名称				陶瓷锦砖	
				墙面、墙裙	
				水泥砂浆	专用粘结剂
基价（元）				**10377.73**	**11938.04**
其中	人工费（元）			3189.34	3100.02
	材料费（元）			7151.39	8801.02
	机械费（元）			37.00	37.00
名称		**单位**	**单价(元)**	**消耗量**	
人工	综合工日	工日	140.00	22.781	22.143
材料	108胶	kg	2.00	19.100	—
	白水泥	kg	0.78	25.000	25.000
	马赛克专用粘结剂	kg	5.00	—	420.000
	棉纱头	kg	6.00	1.000	1.000
	石料切割锯片	片	39.00	0.385	0.385
	水泥砂浆 1∶1	m³	304.25	1.200	—
	素水泥浆	m³	444.07	0.106	—
	陶瓷锦砖	m²	65.00	101.500	101.500
	其他材料费	元	1.00	63.000	63.000
机械	其他机械费	元	1.00	37.000	37.000

工作内容：选料、放线、测量预拼、切割块料、抹结合层砂浆(刷粘结剂)、贴块料、擦缝、养护、清洁表面。

计量单位：100m²

定额编号				Z2-26	Z2-27
项目名称				外墙面砖周长500mm以内	
				水泥砂浆粘贴	专用粘结剂粘贴
				缝宽10mm以内	
基价（元）				7333.93	7679.12
其中	人工费（元）			3329.48	3138.52
	材料费（元）			3944.45	4480.60
	机械费（元）			60.00	60.00
名称		单位	单价(元)	消耗量	
人工	综合工日	工日	140.00	23.782	22.418
材料	108胶	kg	2.00	5.200	—
	瓷砖专用粘结剂	kg	2.50	—	420.000
	棉纱头	kg	6.00	1.000	1.000
	石料切割锯片	片	39.00	0.400	0.400
	水泥砂浆 1∶1	m³	304.25	1.500	—
	素水泥浆	m³	444.07	0.106	—
	外墙面砖	m²	36.00	91.500	91.500
	其他材料费	元	1.00	115.000	115.000
机械	其他机械费	元	1.00	60.000	60.000

工作内容：选料、放线、测量预拼、切割块料、抹结合层砂浆(刷粘结剂)、贴块料、擦缝、养护、清洁表面。

计量单位：100m²

定额编号				Z2-28	Z2-29
项目名称				外墙面砖周长800以内	
				水泥砂浆粘贴	专用粘结剂粘贴
				缝宽10mm以内	
基价（元）				6940.64	7542.03
其中	人工费（元）			2835.14	2664.20
	材料费（元）			4045.50	4817.83
	机械费（元）			60.00	60.00
名称		单位	单价(元)	消耗量	
人工	综合工日	工日	140.00	20.251	19.030
材料	108胶	kg	2.00	5.700	—
	瓷砖专用粘结剂	kg	2.50	—	502.700
	棉纱头	kg	6.00	1.000	1.000
	石料切割锯片	片	39.00	0.400	0.400
	水泥砂浆 1：1	m³	304.25	1.400	—
	素水泥浆	m³	444.07	0.106	—
	外墙面砖	m²	36.00	95.680	95.680
	其他材料费	元	1.00	95.000	95.000
机械	其他机械费	元	1.00	60.000	60.000

工作内容：选料、放线、测量预拼、切割块料、抹结合层砂浆(刷粘结剂)、贴块料、擦缝、养护、清洁表面。

计量单位：$100m^2$

定额编号				Z2-30	Z2-31	Z2-32
项目名称				内墙面砖(水泥砂浆粘贴)		
				周长1200mm		周长1800mm
				以内	以上	
基价（元）				8299.78	8352.55	8809.24
其中	人工费（元）			2009.70	2040.50	2478.00
	材料费（元）			6245.08	6247.05	6256.24
	机械费（元）			45.00	65.00	75.00
名称		单位	单价(元)	消耗量		
人工	综合工日	工日	140.00	14.355	14.575	17.700
材料	108胶	kg	2.00	5.200	5.200	5.200
	白水泥	kg	0.78	20.600	10.300	9.270
	棉纱头	kg	6.00	1.000	1.000	1.000
	内墙面砖	m^2	55.00	104.000	104.000	104.000
	石料切割锯片	片	39.00	0.385	0.385	0.385
	水泥砂浆 1∶1	m^3	304.25	1.300	1.300	1.300
	素水泥浆	m^3	444.07	0.106	0.106	0.106
	其他材料费	元	1.00	35.000	45.000	55.000
机械	其他机械费	元	1.00	45.000	65.000	75.000

注：周长小于600mm时，人工工日在周长1.2m以内的基础上乘以系数1.25。

工作内容：选料、放线、测量预拼、切割块料、抹结合层砂浆(刷粘结剂)、贴块料、擦缝、养护、清洁表面。

计量单位：见表

定额编号				Z2-33	Z2-34	Z2-35	Z2-36
项目名称				内墙面砖(专用粘结剂粘贴)			墙面花砖腰线
				周长1200mm		周长1800mm	
				以内	以上		
单位				100m²			100m
基价（元）				**8737.08**	**8928.35**	**9505.63**	**1226.12**
其中	人工费（元）			1848.00	1917.30	2352.00	512.40
	材料费（元）			6842.08	6944.05	7086.63	706.72
	机械费（元）			47.00	67.00	67.00	7.00
名称		单位	单价(元)	消耗量			
人工	综合工日	工日	140.00	13.200	13.695	16.800	3.660
材料	白水泥	kg	0.78	20.600	10.300	9.270	3.000
	瓷砖专用粘结剂	kg	2.50	420.000	460.000	510.000	46.000
	花砖腰线	m	56.00	—	—	—	10.400
	棉纱头	kg	6.00	1.000	1.000	1.000	0.200
	内墙面砖	m²	55.00	104.000	104.000	104.000	—
	石料切割锯片	片	39.00	0.385	0.385	0.600	0.020
	其他材料费	元	1.00	35.000	45.000	55.000	5.000
机械	其他机械费	元	1.00	47.000	67.000	67.000	7.000

工作内容：1.清理基层、放线、测量预拼、切割块料、清洗面板、钻孔成槽、安装铁件、挂面板、灌砂浆；
2.刷胶、清洗面层等全部操作过程。

计量单位：100m²

定额编号				Z2-37
项目名称				挂贴面砖(墙面灌缝砂浆50mm厚)
基价(元)				15378.88
其中	人工费(元)			4158.00
	材料费(元)			10960.69
	机械费(元)			260.19
名称		单位	单价(元)	消耗量
人工	综合工日	工日	140.00	29.700
材料	钢丝网	m²	5.05	105.000
	棉纱头	kg	6.00	1.000
	膨胀螺栓	套	0.58	310.000
	墙面砖	m²	80.00	104.000
	石料切割锯片	片	39.00	0.420
	水	m³	7.96	1.410
	水泥砂浆 1∶2.5	m³	274.23	5.250
	素水泥浆	m³	444.07	0.106
	塑料薄膜	m²	0.20	28.050
	铜丝 16号	kg	46.93	7.770
	其他材料费	元	1.00	40.000
机械	灰浆搅拌机 200L	台班	215.26	0.930
	其他机械费	元	1.00	60.000

五、柱梁面镶贴块料

1.石材柱梁面

工作内容：1.清理、修补基层表面、刷浆、预埋铁件、制作安装钢筋网、电焊固定，选料湿水、放线、测量预拼、切割块料、钻孔成槽、阴阳角锯边、镶贴面层及阴阳角、穿丝固定、灌砂浆；
2.打蜡、擦缝、养护。

计量单位：100m²

定额编号				Z2-38
项目名称				柱梁面
				挂贴石材(灌缝砂浆30mm厚)
基价（元）				23994.29
其中	人工费（元）			4928.00
	材料费（元）			18830.45
	机械费（元）			235.84
	名称	单位	单价(元)	消耗量
人工	综合工日	工日	140.00	35.200
材料	白水泥	kg	0.78	15.000
	草酸	kg	6.90	1.000
	电焊条	kg	5.98	2.660
	合金钢钻头 ф20	个	11.00	11.500
	螺纹钢筋 HRB400 ф10以内	kg	3.50	148.300
	棉纱头	kg	6.00	1.000
	膨胀螺栓	套	0.58	372.000
	石材	m²	160.00	103.000
	石料切割锯片	片	39.00	0.460
	水	m³	7.96	1.500
	水泥砂浆 1∶2.5	m³	274.23	3.150
	素水泥浆	m³	444.07	0.106
	塑料薄膜	m²	0.20	28.050
	铜丝 16号	kg	46.93	9.300
	硬白蜡	kg	5.96	2.650
	其他材料费	元	1.00	50.000
机械	灰浆搅拌机 200L	台班	215.26	0.670
	交流弧焊机 32kV·A	台班	83.14	0.260
	其他机械费	元	1.00	70.000

2. 块料柱梁面

工作内容：选料、放线、测量预拼、切割块料、抹结合层砂浆(刷粘结剂)、贴块料、擦缝、养护、清洁表面。

计量单位：100m²

定额编号				Z2-39	Z2-40
项目名称				柱(梁)面	
				墙砖	
				水泥砂浆	专用粘结剂
基价（元）				8700.70	9141.51
其中	人工费（元）			3401.86	3197.04
	材料费（元）			5238.84	5884.47
	机械费（元）			60.00	60.00
名称		单位	单价(元)	消耗量	
人工	综合工日	工日	140.00	24.299	22.836
材料	108胶	kg	2.00	5.700	—
	白水泥	kg	0.78	15.000	15.000
	瓷砖专用粘结剂	kg	2.50	—	420.000
	棉纱头	kg	6.00	1.000	1.000
	墙砖	m²	45.00	106.000	106.000
	石料切割锯片	片	39.00	0.430	0.430
	水	m³	7.96	1.410	—
	水泥砂浆 1∶1	m³	304.25	1.100	—
	素水泥浆	m³	444.07	0.106	—
	其他材料费	元	1.00	30.000	30.000
机械	其他机械费	元	1.00	60.000	60.000

六、零星镶贴块料

1.石材零星项目

工作内容：调运砂浆、刷粘结剂、切割石料、擦缝、打蜡、养护。　　计量单位：100m²

定额编号				Z2-41	Z2-42
项目名称				石材零星项目	
				水泥砂浆	专用粘结剂
基价（元）				21051.88	22924.78
其中	人工费（元）			3480.40	3349.50
	材料费（元）			17511.48	19515.28
	机械费（元）			60.00	60.00
名称		单位	单价(元)	消耗量	
人工	综合工日	工日	140.00	24.860	23.925
材料	108胶	kg	2.00	5.700	—
	白水泥	kg	0.78	17.000	17.000
	草酸	kg	6.90	1.110	1.110
	棉纱头	kg	6.00	1.110	1.110
	石材	m²	160.00	106.000	106.000
	石材专用粘结剂	kg	3.20	—	757.580
	石料切割锯片	片	39.00	0.480	0.480
	水泥砂浆 1∶2.5	m³	274.23	1.320	—
	素水泥浆	m³	444.07	0.106	—
	塑料薄膜	m²	0.20	36.000	36.000
	硬白蜡	kg	5.96	2.940	2.940
	其他材料费	元	1.00	60.000	60.000
机械	其他机械费	元	1.00	60.000	60.000

2. 块料零星项目

工作内容：选料、放线、测量预拼、切割块料、抹结合层砂浆(刷粘结剂)、贴块料、擦缝、养护、清洁表面。

计量单位：100m²

定额编号				Z2-43	Z2-44
项目名称				陶瓷锦砖	
				零星项目	
				水泥砂浆	专用粘结剂
基价（元）				11081.90	12962.28
其中	人工费（元）			3679.06	3458.84
	材料费（元）			7362.84	9463.44
	机械费（元）			40.00	40.00
名称		单位	单价(元)	消耗量	
人工	综合工日	工日	140.00	26.279	24.706
材料	108胶	kg	2.00	5.700	—
	白水泥	kg	0.78	25.000	25.000
	马赛克专用粘结剂	kg	5.00	—	498.960
	棉纱头	kg	6.00	0.990	1.110
	石料切割锯片	片	39.00	0.320	0.320
	水泥砂浆 1∶1	m³	304.25	1.100	—
	素水泥浆	m³	444.07	0.110	—
	陶瓷锦砖	m²	65.00	106.000	106.000
	其他材料费	元	1.00	40.000	40.000
机械	其他机械费	元	1.00	40.000	40.000

3. 外墙面砖零星项目

工作内容：选料、放线、测量预拼、切割块料、抹结合层砂浆(刷粘结剂)、贴块料、擦缝、养护、清洁表面。

计量单位：100m²

定额编号				Z2-45	Z2-46
项目名称				外墙面砖零星项目	
				水泥砂浆	
				缝宽10mm以内	缝宽20mm以内
基价（元）				7748.98	7435.08
其中	人工费（元）			3696.00	3742.20
	材料费（元）			3992.98	3632.88
	机械费（元）			60.00	60.00
名称		单位	单价(元)	消耗量	
人工	综合工日	工日	140.00	26.400	26.730
材料	108胶	kg	2.00	5.700	5.700
	棉纱头	kg	6.00	1.120	1.120
	水	m³	7.96	1.390	1.410
	水泥砂浆 1∶1	m³	304.25	1.400	1.800
	素水泥浆	m³	444.07	0.110	0.110
	外墙面砖	m²	36.00	92.750	79.640
	其他材料费	元	1.00	150.000	140.000
机械	其他机械费	元	1.00	60.000	60.000

工作内容：选料、放线、测量预拼、切割块料、抹结合层砂浆(刷粘结剂)、贴块料、擦缝、养护、清洁表面。

计量单位：100m²

定额编号				Z2-47	Z2-48
项目名称				外墙面砖零星项目	
				专用粘结剂	
				缝宽10mm以内	缝宽20mm以内
基价（元）				8518.94	8166.40
其中	人工费（元）			3731.42	3517.36
	材料费（元）			4727.52	4589.04
	机械费（元）			60.00	60.00
名称		单位	单价(元)	消耗量	
人工	综合工日	工日	140.00	26.653	25.124
材料	瓷砖专用粘结剂	kg	2.50	492.720	630.110
	棉纱头	kg	6.00	1.120	1.120
	外墙面砖	m²	36.00	92.750	79.640
	其他材料费	元	1.00	150.000	140.000
机械	其他机械费	元	1.00	60.000	60.000

七、墙饰面

1.墙面龙骨基层

工作内容：1.定位、放线、下料、打眼剔洞、钉木楔、安装龙骨、刷防腐漆等；
2.定位、下料、打眼剔洞、安膨胀螺栓、安装龙骨、刷防腐漆等。　　计量单位：100m²

定额编号				Z2-49	Z2-50	Z2-51
项目名称				木龙骨平均中间距(靠墙)		
				300以内	400以内	600以内
基价（元）				**1992.78**	**1633.67**	**1387.51**
其中	人工费（元）			588.00	519.40	448.00
	材料费（元）			1398.19	1108.95	934.95
	机械费（元）			6.59	5.32	4.56
名称		单位	单价(元)	消耗量		
人工	综合工日	工日	140.00	4.200	3.710	3.200
材料	防腐油	kg	1.46	6.000	4.800	3.400
	合金钢钻头	个	7.80	4.000	3.100	2.200
	松木成材	m³	1435.27	0.870	0.690	0.590
	铁钉	kg	3.56	8.300	6.300	4.500
	其他材料费	元	1.00	80.000	65.000	50.000
机械	木工圆锯机 500mm	台班	25.33	0.260	0.210	0.180

工作内容：定位、弹线、钻孔、切割安装龙骨。　　计量单位：100m²

定额编号				Z2-52	Z2-53	Z2-54
项目名称				轻钢龙骨隔墙		
				高度3000以下		
				间距300	间距400	间距600
基价（元）				4820.00	3867.76	2947.21
其中	人工费（元）			617.54	523.60	460.46
	材料费（元）			4161.44	3303.99	2447.42
	机械费（元）			41.02	40.17	39.33
名称		单位	单价(元)	消耗量		
人工	综合工日	工日	140.00	4.411	3.740	3.289
材料	穿心龙骨 38×12×1	m	2.80	35.020	35.020	35.020
	合金钢钻头	个	7.80	2.400	2.400	2.400
	铆钉	个	0.06	468.650	355.350	239.990
	膨胀螺栓 M8×80	套	0.30	143.170	143.170	143.170
	轻钢龙骨 75×40×0.6(横向龙骨)	m	7.84	71.020	71.020	71.020
	轻钢龙骨 75×50×0.7(竖向龙骨)	m	9.37	353.330	265.000	176.670
	支撑卡 75	个	0.30	287.000	217.000	147.000
	其他材料费	元	1.00	20.000	18.000	17.000
机械	电动切割机	台班	12.10	3.390	3.320	3.250

工作内容：定位、弹线、钻孔、切割安装龙骨。　　计量单位：100m²

定额编号				Z2-55	Z2-56	Z2-57
项目名称				轻钢龙骨隔墙		
				高度3000以上		
				间距300	间距400	间距600
基价（元）				**5130.23**	**4155.75**	**3216.13**
其中	人工费（元）			666.82	565.18	497.42
	材料费（元）			4422.39	3550.40	2679.38
	机械费（元）			41.02	40.17	39.33
名称		**单位**	**单价(元)**	**消**	**耗**	**量**
人工	综合工日	工日	140.00	4.763	4.037	3.553
材料	穿心龙骨 38×12×1	m	2.80	46.350	46.350	46.350
	合金钢钻头	个	7.80	1.760	1.760	1.760
	铆钉	个	0.06	1579.760	1182.440	801.340
	膨胀螺栓 M8×80	套	0.30	105.060	105.060	105.060
	轻钢龙骨 75×40×0.6(横向龙骨)	m	7.84	94.340	94.340	94.340
	轻钢龙骨 75×50×0.7(竖向龙骨)	m	9.37	353.330	265.000	176.670
	支撑卡 75	个	0.30	267.500	202.500	137.500
	其他材料费	元	1.00	22.000	21.000	20.000
机械	电动切割机	台班	12.10	3.390	3.320	3.250

工作内容：定位、弹线、钻孔、切割安装龙骨。　　　　计量单位：t

定额编号				Z2-58
项目名称				型钢龙骨
基价（元）				**7717.02**
其中	人工费（元）			1610.00
	材料费（元）			5759.80
	机械费（元）			347.22
名称		**单位**	**单价（元）**	**消耗量**
人工	综合工日	工日	140.00	11.500
材料	电焊条	kg	5.98	22.400
	镀锌钢材	kg	4.90	1060.000
	防锈漆	kg	5.62	8.000
	合金钢钻头	个	7.80	6.000
	膨胀螺栓	套	0.58	400.000
	氧气	m^3	3.63	1.090
	乙炔气	m^3	11.48	0.360
	其他材料费	元	1.00	100.000
机械	电动切割机	台班	12.10	3.960
	交流弧焊机 32kV·A	台班	83.14	3.600

2. 墙面板基层

工作内容：龙骨上钉(贴)基层板。　　　　计量单位：100m²

定额编号				Z2-59	Z2-60	Z2-61
项目名称				胶合板基层	木工板基层	石膏板基层
基价（元）				2557.71	4804.45	1902.94
其中	人工费（元）			492.80	588.00	477.40
	材料费（元）			2009.65	4161.19	1425.54
	机械费（元）			55.26	55.26	—
名称		单位	单价(元)	消耗量		
人工	综合工日	工日	140.00	3.520	4.200	3.410
材料	F30气枪钉	盒	7.50	2.000	2.000	—
	白乳胶	kg	5.38	14.040	14.040	14.040
	九厘板	m²	18.00	105.000	—	—
	石膏板 12mm	m²	12.00	—	—	105.000
	铁钉	kg	3.56	2.560	2.910	—
	细木工板 18mm	m²	38.46	—	105.000	—
	自攻螺丝	百个	3.00	—	—	26.000
	其他材料费	元	1.00	20.000	22.000	12.000
机械	电动空气压缩机 0.3m³/min	台班	30.70	1.800	1.800	—

工作内容：裁切、防护、龙骨上安放隔离层。　　　　　　　　　　　　　　　　　计量单位：100m²

定额编号				Z2-62
项目名称				环保吸声棉
基价（元）				**2090.20**
其中	人工费（元）			270.20
	材料费（元）			1600.00
	机械费（元）			220.00
名称		**单位**	**单价(元)**	**消耗量**
人工	综合工日	工日	140.00	1.930
材料	环保吸音岩棉	m²	15.00	105.000
	其他材料费	元	1.00	25.000
机械	其他机械费	元	1.00	220.000

3. 墙面、墙裙面层

工作内容：1. 安装玻璃面层等；
2. 清理基层、打胶、粘贴面层、清理净面等。

计量单位：100m²

定额编号				Z2-63	Z2-64	Z2-65
项目名称				镜面玻璃	不锈钢面板	普通饰面板
				粘贴在基层板上		
基价（元）				8376.50	23672.00	3683.06
其中	人工费（元）			1330.00	1470.00	1237.60
	材料费（元）			7016.50	22172.00	2221.96
	机械费（元）			30.00	30.00	223.50
名称		单位	单价(元)	消耗量		
人工	综合工日	工日	140.00	9.500	10.500	8.840
材料	白乳胶	kg	5.38	—	—	42.000
	玻璃胶 310mL	支	7.80	108.000	—	—
	不锈钢板 304系列 1.2mm厚	m²	200.00	—	108.000	—
	不锈钢钉	kg	30.00	2.470	—	—
	镜面玻璃(成品)	m²	52.00	103.000	—	—
	饰面板	m²	18.00	—	—	107.000
	双面胶带	m	0.25	256.000	—	—
	万能胶	kg	18.00	—	24.000	—
	其他材料费	元	1.00	680.000	140.000	70.000
机械	电动空气压缩机 0.3m³/min	台班	30.70	—	—	5.000
	其他机械费	元	1.00	30.000	30.000	70.000

工作内容：下料、制作、贴或钉面层、清理等全部操作过程。　　　　　　　　　　　计量单位：100m²

定额编号				Z2-66	Z2-67
项目名称				墙面	
				硬包	软包
基价（元）				**11215.45**	**16124.85**
其中	人工费（元）			3220.00	3570.00
	材料费（元）			7970.45	12529.85
	机械费（元）			25.00	25.00
名称		单位	单价(元)	消耗量	
人工	综合工日	工日	140.00	23.000	25.500
材料	F30气枪钉	盒	7.50	2.000	1.000
	高密度板 12mm	m²	26.00	—	105.000
	高密度板 15mm	m²	20.00	105.000	—
	海绵 δ40	m²	28.78	—	105.000
	木线条	m	2.60	—	300.000
	万能胶	kg	18.00	23.100	23.100
	圆钉	kg	5.13	3.440	3.440
	装饰布	m²	45.00	118.000	121.000
	其他材料费	元	1.00	112.000	112.000
机械	其他机械费	元	1.00	25.000	25.000

工作内容：排版、切割、贴或钉面层、清理等全部操作过程。　　　　　　　　　　　　计量单位：100m²

定额编号				Z2-68	Z2-69
项目名称				墙面	
				成品免漆饰面板（5～18mm厚）	塑料扣板
基价（元）				**9992.52**	**2041.50**
其中	人工费（元）			2187.50	378.00
	材料费（元）			7675.02	1638.50
	机械费（元）			130.00	25.00
名称		**单位**	**单价(元)**	**消耗量**	
人工	综合工日	工日	140.00	15.625	2.700
材料	成品免漆饰面板 15mm	m²	55.00	105.000	—
	硅酮耐候密封胶 590mL	支	30.00	57.000	—
	双面胶带	m	0.25	256.000	128.000
	塑料扣板	m²	15.00	—	105.000
	铁钉	kg	3.56	1.690	—
	自攻螺丝 M25×2.5	百个	3.00	—	5.500
	其他材料费	元	1.00	120.000	15.000
机械	其他机械费	元	1.00	130.000	25.000

工作内容：裁切、贴或钉面层、清理等全部操作过程。　　　　计量单位：100m²

定额编号				Z2-70	Z2-71
项目名称				墙面	
				石膏板	玻璃丝吸声棉板
基价（元）				**1914.80**	**2786.55**
其中	人工费（元）			492.80	322.00
	材料费（元）			1392.00	2434.55
	机械费（元）			30.00	30.00
名称		单位	单价(元)	消耗量	
人工	综合工日	工日	140.00	3.520	2.300
材料	玻璃丝吸声棉板	m²	23.00	—	105.000
	石膏板 12mm	m²	12.00	105.000	—
	铁钉	kg	3.56	—	2.120
	自攻螺丝	百个	3.00	34.000	—
	其他材料费	元	1.00	30.000	12.000
机械	其他机械费	元	1.00	30.000	30.000

工作内容：裁切、折槽、贴或钉面层、清理、成品保护等全部操作过程。　　　　计量单位：100m²

定额编号				Z2-72	Z2-73
项目名称				木质吸声板墙面	铝塑板粘贴基层板
基价（元）				**18319.34**	**9293.80**
其中	人工费（元）			1155.00	1932.00
	材料费（元）			17006.85	7266.80
	机械费（元）			157.49	95.00
名称		单位	单价(元)	消耗量	
人工	综合工日	工日	140.00	8.250	13.800
材料	F30气枪钉	盒	7.50	2.000	—
	铝塑板 3mm	m²	60.00	—	108.000
	木质吸声板	m²	158.97	105.000	—
	耐候密封胶	kg	20.00	—	5.000
	万能胶	kg	18.00	—	32.600
	其他材料费	元	1.00	300.000	100.000
机械	木工三面压刨床 400mm	台班	60.59	1.780	—
	木工圆锯机 500mm	台班	25.33	1.170	—
	其他机械费	元	1.00	20.000	95.000

工作内容：清理基层、放线、测量、配管下料、骨架安装、铝塑板切割安装、打胶、清理净面。

计量单位：100m²

定额编号				Z2-74
项目名称				铝塑板方管内墙面
基价（元）				21076.94
其中	人工费（元）			3968.58
	材料费（元）			16648.36
	机械费（元）			460.00
名称		单位	单价(元)	消耗量
人工	综合工日	工日	140.00	28.347
材料	玻璃胶 310mL	支	7.80	18.200
	成品镀锌铁件	kg	5.70	202.000
	铝合金型材	kg	21.00	400.000
	铝塑板 3mm	m²	60.00	108.000
	膨胀螺栓 M8×80	套	0.30	450.000
	其他材料费	元	1.00	340.000
机械	其他机械费	元	1.00	460.000

八、柱(梁)面饰面

1. 柱梁面龙骨基层

工作内容：定位、放线、测量、下料、打眼剔洞、安装龙骨、刷防腐油等。　　计量单位：100m²

定额编号				Z2-75	Z2-76	Z2-77
项目名称				柱、梁面		
				木龙骨基层		
				方形柱梁面	圆柱面	方柱包圆形面
基价（元）				2642.79	4183.97	5497.48
其中	人工费（元）			812.00	1289.40	1547.00
	材料费（元）			1806.48	2862.04	3893.89
	机械费（元）			24.31	32.53	56.59
名称		单位	单价(元)	消耗量		
人工	综合工日	工日	140.00	5.800	9.210	11.050
材料	防腐油	kg	1.46	3.000	3.000	3.000
	工程用材	m³	2250.00	0.760	1.010	1.380
	铁钉	kg	3.56	3.400	3.400	9.700
	细木工板 18mm	m²	38.46	—	12.300	15.600
	其他材料费	元	1.00	80.000	100.000	150.000
机械	木工圆锯机 500mm	台班	25.33	0.170	0.100	0.260
	其他机械费	元	1.00	20.000	30.000	50.000

2. 柱梁面夹板基层

工作内容：1. 定位、测量、下料、打眼剔洞、安装多层夹板、刷防腐油；
2. 清理基层、下料、粘贴基层板、清理净面。

计量单位：100m²

定额编号				Z2-78	Z2-79
项目名称				柱、梁面	
				多层夹板基层	
				钉在木龙骨上	钉在基层板上
基价（元）				5043.16	4927.52
其中	人工费（元）			798.00	672.00
	材料费（元）			4220.16	4230.52
	机械费（元）			25.00	25.00
名称		单位	单价(元)	消耗量	
人工	综合工日	工日	140.00	5.700	4.800
材料	白乳胶	kg	5.38	—	3.600
	防腐油	kg	1.46	3.000	—
	铁钉	kg	3.56	3.400	2.100
	细木工板 18mm	m²	38.46	108.000	108.000
	其他材料费	元	1.00	50.000	50.000
机械	其他机械费	元	1.00	25.000	25.000

3. 柱梁面面层

工作内容：1. 清理基层、测量、下料、刷胶、粘贴面层、清理净面；
　　　　　2. 安装玻璃面层等。

计量单位：100m²

定额编号				Z2-80	Z2-81	Z2-82
项目名称				普通饰面板		镜面玻璃
				粘贴在基层板上		
				柱、梁面	圆柱	柱、梁面
基价（元）				**3802.96**	**4296.46**	**8121.02**
其中	人工费（元）			1547.00	2040.50	1701.00
	材料费（元）			2235.96	2235.96	6400.02
	机械费（元）			20.00	20.00	20.00
名称		**单位**	**单价(元)**	**消耗量**		
人工	综合工日	工日	140.00	11.050	14.575	12.150
材料	白乳胶	kg	5.38	42.000	42.000	—
	玻璃胶 310mL	支	7.80	—	—	88.000
	不锈钢钉	kg	30.00	—	—	4.490
	镀锌螺丝	百个	3.00	—	—	9.640
	镜面玻璃(成品)	m²	52.00	—	—	103.000
	饰面板	m²	18.00	110.000	110.000	—
	双面胶带	m	0.25	—	—	256.000
	其他材料费	元	1.00	30.000	30.000	130.000
机械	其他机械费	元	1.00	20.000	20.000	20.000

工作内容：清理基层、切割、打胶、贴或钉面层、清理等全部操作过程。　　计量单位：100m²

定额编号				Z2-83	Z2-84
项目名称				柱、梁面	
				不锈钢饰面	
				方形	圆形
基价（元）				25283.00	25818.20
其中	人工费（元）			3092.60	3607.80
	材料费（元）			22170.40	22180.40
	机械费（元）			20.00	30.00
名称		单位	单价(元)	消耗量	
人工	综合工日	工日	140.00	22.090	25.770
材料	玻璃胶 310mL	支	7.80	8.000	8.000
	不锈钢板 304系列 1.2mm厚	m²	200.00	108.000	108.000
	万能胶	kg	18.00	26.000	26.000
	其他材料费	元	1.00	40.000	50.000
机械	其他机械费	元	1.00	20.000	30.000

工作内容：下料、制作、贴或钉面层、钉压条、清理等全部操作过程。　　　　计量单位：100m²

定额编号				Z2-85	Z2-86
项目名称				柱面	
				硬包	软包
基价（元）				12229.80	17005.43
其中	人工费（元）			3864.00	4130.00
	材料费（元）			8305.80	12815.43
	机械费（元）			60.00	60.00
名称		单位	单价(元)	消耗量	
人工	综合工日	工日	140.00	27.600	29.500
材料	F30气枪钉	盒	7.50	2.000	1.000
	高密度板 12mm	m²	26.00	—	105.000
	高密度板 15mm	m²	20.00	105.000	—
	海绵 δ30	m²	28.00	—	105.000
	木线条	m	2.60	—	354.000
	万能胶	kg	18.00	23.100	23.100
	圆钉	kg	5.13	—	5.210
	装饰布	m²	45.00	125.000	125.000
	其他材料费	元	1.00	150.000	150.000
机械	其他机械费	元	1.00	60.000	60.000

九、隔断

1. 铝合金、木龙骨玻璃隔断

工作内容：定位弹线、下料、安装龙骨、安玻璃、打胶、嵌缝清理等全部操作过程。　计量单位：100m²

定额编号				Z2-87	Z2-88
项目名称				玻璃隔断	
				铝合金	木骨架
基价（元）				13714.54	5913.10
其中	人工费（元）			2590.00	2450.00
	材料费（元）			10950.80	3325.99
	机械费（元）			173.74	137.11
名称		单位	单价（元）	消耗量	
人工	综合工日	工日	140.00	18.500	17.500
材料	玻璃胶 310mL	支	7.80	63.160	—
	不锈钢螺丝	百个	20.00	18.880	—
	防腐油	kg	1.46	—	2.180
	铝合金型材	kg	21.00	411.740	—
	膨胀螺栓	套	0.58	248.980	—
	平板玻璃 δ3	m²	12.00	93.000	93.000
	松木成材	m³	1435.27	—	1.420
	铁钉	kg	3.56	—	5.260
	铁件	kg	4.19	29.500	—
	其他材料费	元	1.00	50.000	150.000
机械	电动切割机	台班	12.10	9.400	—
	木工双面压刨床 600mm	台班	49.08	—	1.860
	木工圆锯机 500mm	台班	25.33	—	0.230
	其他机械费	元	1.00	60.000	40.000

2. 玻璃砖隔断

工作内容：定位划线、砌玻璃砖墙、勾缝、玻璃砖砌体面清理。　　计量单位：100㎡

定额编号				Z2-89
项目名称				玻璃砖隔断
				全玻
基价（元）				46980.00
其中	人工费（元）			3360.00
	材料费（元）			43620.00
	机械费（元）			—
名称		单位	单价(元)	消耗量
人工	综合工日	工日	140.00	24.000
材料	玻璃胶 310mL	支	7.80	300.000
	玻璃砖 190×190×80	块	15.00	2712.000
	其他材料费	元	1.00	600.000

3.铝合金板条、塑钢、浴厕隔断

工作内容：定位弹线、下料、安装龙骨、安玻璃或板条、嵌缝清理等全部操作过程。　计量单位：100m²

定额编号				Z2-90	Z2-91	Z2-92
项目名称				板条隔断	塑钢隔断	
				铝合金	全玻	全塑钢板
基价（元）				24414.68	21376.22	21041.96
其中	人工费（元）			1890.00	1785.00	1554.00
	材料费（元）			22472.89	19477.48	19436.17
	机械费（元）			51.79	113.74	51.79
名称		单位	单价（元）	消耗量		
人工	综合工日	工日	140.00	13.500	12.750	11.100
材料	玻璃胶 310mL	支	7.80	—	14.070	14.070
	槽铝	m	11.00	628.150	—	—
	角铝 25×25×1	m	2.59	277.260	—	—
	铝合金板条 宽100	m²	59.83	97.280	—	—
	铝合金型材	kg	21.00	393.760	—	—
	膨胀螺栓	套	0.58	259.830	218.280	218.280
	皮条	m	1.26	—	626.840	626.840
	全玻塑钢隔断	m²	180.00	—	102.000	—
	全塑塑钢隔断	m²	180.00	—	—	102.000
	铁件	kg	4.19	95.550	—	—
	自攻螺丝	百个	3.00	51.620	13.770	—
	其他材料费	元	1.00	50.000	50.000	50.000
机械	电动切割机	台班	12.10	4.280	9.400	4.280

工作内容：定位弹线、下料、安装龙骨、安玻璃或成品板、附件、嵌缝清理等全部操作过程。

计量单位：100m²

定额编号				Z2-93	Z2-94
项目名称				淋浴隔断 专用玻璃8mm	成品防水板隔断
基价（元）				24493.48	5247.00
其中	人工费（元）			2940.00	1680.00
	材料费（元）			21326.00	3537.00
	机械费（元）			227.48	30.00
名称		单位	单价（元）	消耗量	
人工	综合工日	工日	140.00	21.000	12.000
材料	玻璃胶 310mL	支	7.80	100.000	—
	不锈钢玻璃门夹	副	45.00	56.000	—
	不锈钢靠墙L型夹	副	18.00	112.000	—
	不锈钢拉杆	个	35.00	28.000	—
	成品防水板	m²	22.22	—	100.000
	隔断配件	套	55.00	—	23.000
	淋浴专用玻璃 8mm	m²	100.00	100.000	—
	石材挡水梗	m	80.00	50.000	—
	小拉手(不锈钢)	副	35.00	28.000	—
	其他材料费	元	1.00	50.000	50.000
机械	电动切割机	台班	12.10	18.800	—
	其他机械费	元	1.00	—	30.000

注：五金件数量可按实调整。

4. 泰柏板、GRC轻质隔墙板

工作内容：1.定位、弹线、切割、安装大小夹具或预埋铁件、安装墙、固定、开门窗洞口等全部操作过程。

计量单位：100m²

定额编号				Z2-95	Z2-96
项目名称				泰柏板	GRC轻质隔墙板安装
基价（元）				5535.19	9672.98
其中	人工费（元）			1856.40	1617.00
	材料费（元）			3618.79	8011.67
	机械费（元）			60.00	44.31
名称		单位	单价（元）	消耗量	
人工	综合工日	工日	140.00	13.260	11.550
材料	GRC轻质隔墙板	m²	75.00	—	104.000
	大夹具	只	4.16	38.000	—
	镀锌铁丝 20号	kg	3.57	3.500	—
	膨胀螺栓加长 M6	套	1.10	148.000	—
	泰柏板	m²	23.08	105.000	—
	小夹具	只	3.30	110.000	—
	型钢板卡	kg	4.20	—	6.350
	之字条	m	0.98	254.100	—
	其他材料费	元	1.00	250.000	185.000
机械	木工圆锯机 500mm	台班	25.33	—	0.170
	其他机械费	元	1.00	60.000	40.000

第三章　天棚工程

说　　明

1. 抹灰项目中设计与定额砂浆配合比不同时，可按设计要求换算。如厚度不同时，可以调整，但人工、机械含量不变。

2. 天棚吊筋、龙骨、基层及面层应分开计算，套用相应定额。金属吊筋是按膨胀螺杆连接在楼板上考虑的，每副吊筋的规格、长度、配件及调整办法详见天棚吊筋子目，设计吊筋与楼板底面预埋铁件焊接时也执行本定额。

3. 本定额中的木龙骨、金属龙骨按面层的方格尺寸取定，龙骨种类、间距、规格型号按常用材料和常用做法考虑,如设计要求不同时，人工和机械含量不变，材料含量应按设计长度用量加下列损耗调整定额含量，其中：木龙骨 6%、轻钢龙骨 6% 、铝合金龙骨 7%。

4. 艺术型天棚是指圆弧型、拱形圆弧型、拱形花式造型。

5. 本定额中轻钢、铝合金龙骨为双层结构，设计为单层龙骨时，应调整定额中的次龙骨及配件含量，定额人工乘以系数 0.87，其他不变。

6. 本定额未考虑龙骨、基层、面层的防火处理及天棚龙骨的刷油防腐工作，实际发生时应按其他章节相应定额子目计算。

7. 天棚送风口、回风口项目执行检查口定额子目。

工程量计算规则

一、天棚抹灰

1. 天棚抹灰按设计图示尺寸以水平投影面积计算，不扣除间壁墙、垛、柱、附墙烟囱、检查洞、通风洞、管道等所占的面积。

2. 带梁天棚的梁两侧抹灰面积并入天棚抹灰工程量内，斜天棚抹灰按斜面积计算。

3. 楼梯底面、水平遮阳板底面和檐口天棚，并入相应的天棚抹灰工程量内计算。混凝土楼梯、螺旋楼梯的底板为斜板时，按其水平投影面积（包括休息平台）乘以系数 1.15，底板为锯齿形的（包括预制踏步板），按其水平投影面积乘以系数 1.37。

二、天棚吊顶

1. 天棚吊筋、龙骨按设计图示尺寸以天棚面层展开面积计算。

2. 天棚基层、面层按设计图示尺寸以展开面积计算。不扣除间壁墙、检查口、各类风口、附墙烟囱、柱垛和管道所占面积，扣除天棚相连的窗帘盒所占的面积；成品板面层应扣除合模的灯具、风口面积。

3. 成品木方格吊顶、各种格栅吊顶、PS 灯片按设计图示尺寸以水平投影面积计算。

4. 铝合金挂片天棚按设计图示尺寸以长度计算。

三、天棚其他装饰

1. 石膏艺术造型、灯孔、检修口按设计图示数量计算。

2. 灯带、天棚检修道按设计图示尺寸以长度计算。

3. 保温吸声层按设计图示尺寸以面积计算。

一、天棚抹灰

工作内容：1.清理、修补基层表面、堵眼、调运砂浆、清扫落地灰；
2.抹灰面层、罩面压光、包括小圆角抹光。　　计量单位：100m²

定额编号				Z3-1	Z3-2
项目名称				混凝土天棚	
				混合砂浆面	水泥砂浆面
基价（元）				1679.04	1814.93
其中	人工费（元）			1016.40	1062.60
	材料费（元）			629.64	719.33
	机械费（元）			33.00	33.00
名称		单位	单价(元)	消耗量	
人工	综合工日	工日	140.00	7.260	7.590
材料	108胶	kg	2.00	15.930	15.930
	工程用材	m³	2250.00	0.016	0.016
	混合砂浆 1∶1∶6	m³	237.06	2.020	—
	水	m³	7.96	0.190	0.190
	水泥砂浆 1∶2	m³	281.46	—	2.020
	素水泥浆	m³	444.07	0.100	0.100
	其他材料费	元	1.00	37.000	37.000
机械	其他机械费	元	1.00	33.000	33.000

二、天棚吊筋

工作内容：1.定位、弹线、打孔定位杆控制高度调整、校正；
2.吊件及挂件安装。

计量单位：100㎡

定额编号				Z3-3	Z3-4	Z3-5	Z3-6
项目名称				每付丝杆吊筋规格H=750mm，间距900mm			
				φ6	φ8	φ10	φ12
基价（元）				607.15	771.53	1090.54	1316.76
其中	人工费（元）			273.00	294.00	319.20	347.20
	材料费（元）			312.15	453.53	745.34	940.56
	机械费（元）			22.00	24.00	26.00	29.00
名称		单位	单价(元)	消耗量			
人工	综合工日	工日	140.00	1.950	2.100	2.280	2.480
材料	C38主吊件	个	0.36	137.700	—	—	—
	C50不上人型主吊件	个	0.45	—	137.700	—	—
	C60上人型主吊件	个	1.24	—	—	137.700	137.700
	镀锌膨胀头组 φ10	只	1.40	—	—	137.700	—
	镀锌膨胀头组 φ12	只	1.80	—	—	—	137.700
	镀锌膨胀头组 φ6	只	0.66	137.700	—	—	—
	镀锌膨胀头组 φ8	只	0.90	—	137.700	—	—
	镀锌丝杆	kg	4.80	27.430	41.550	64.920	93.490
	配套穿心螺丝 M6×25	套	0.16	137.700	—	—	—
	配套穿心螺丝 M6×30	套	0.35	—	137.700	137.700	137.700
	其他材料费	元	1.00	18.000	20.000	22.000	25.000
机械	其他机械费	元	1.00	22.000	24.000	26.000	29.000

注：1.镀锌膨胀头组合含：镀锌膨胀头1个，镀锌膨胀管1个，镀锌螺母3个，镀锌钢垫片2个；
2.吊筋按4%损耗计算；
3.间距800时，每100㎡吊筋按1.08系数，间距1000时，乘以0.9系数。

计量单位：100m²

定额编号				Z3-7	Z3-8	Z3-9	Z3-10
项目名称				每100m²吊筋每增减100mm			
				ф6	ф8	ф10	ф12
基价（元）				17.52	26.59	41.57	59.83
其中	人工费（元）			—	—	—	—
	材料费（元）			17.52	26.59	41.57	59.83
	机械费（元）			—	—	—	—
名称		单位	单价(元)	消耗量			
材料	镀锌丝杆	kg	4.80	3.650	5.540	8.660	12.465

三、天棚龙骨

1. 天棚方木龙骨

工作内容：定位、弹线、打孔、制作、安装木吊杆木楞、搁在砖墙的楞头、刷防腐油等全部操作过程。

计量单位：100m²

定额编号				Z3-11	Z3-12	Z3-13	Z3-14
项目名称				搁在墙上或混凝土梁上		吊在混凝土楼板下	
				（单层）跨度		（双层）	
				在3.0m内	在3.0m上	300×300	400×400
基价（元）				**4386.42**	**5092.64**	**6559.23**	**5518.44**
其中	人工费（元）			756.00	816.20	1111.60	1020.60
	材料费（元）			3570.42	4216.44	5323.73	4374.74
	机械费（元）			60.00	60.00	123.90	123.10
名称		单位	单价(元)	消耗量			
人工	综合工日	工日	140.00	5.400	5.830	7.940	7.290
材料	钉	kg	4.80	24.130	27.540	10.720	8.040
	镀锌铁丝 16号	kg	3.57	2.000	2.000	8.400	6.300
	防腐油	kg	1.46	0.998	0.760	0.880	0.792
	工程用材	m³	2250.00	1.520	1.800	2.300	1.890
	其他材料费	元	1.00	26.000	26.000	66.000	60.000
机械	其他机械费	元	1.00	60.000	60.000	123.900	123.100

注：木吊杆按45×45，大龙骨按50×80，小龙骨按45×45规格计算。

2. 天棚轻钢龙骨

工作内容：1. 选料、切割、下料、安装龙骨及吊配附件等；
2. 临时加固、调整、校正；
3. 预留位置、整体调整。

计量单位：100m²

定额编号				Z3-15	Z3-16	Z3-17
项目名称				普通轻钢龙骨天棚		
				装配式U型主龙骨间距900		
				副龙骨间距		
				300	400	600
基价（元）				4157.58	3607.24	3081.29
其中	人工费（元）			1324.40	1226.40	1148.00
	材料费（元）			2807.98	2359.44	1915.79
	机械费（元）			25.20	21.40	17.50
名称		单位	单价（元）	消耗量		
人工	综合工日	工日	140.00	9.460	8.760	8.200
材料	38钢钉	盒	6.00	2.300	2.300	2.300
	50副龙骨挂件	个	0.40	403.920	293.760	195.840
	50副龙骨连接件	个	0.40	113.070	84.800	56.530
	50轻钢副龙骨 0.5mm厚	m	4.60	339.200	254.400	169.600
	50轻钢主龙骨	m	5.60	127.200	127.200	127.200
	50主龙骨连接件	个	0.35	43.590	43.590	43.590
	木方	m³	1675.21	0.040	0.040	0.040
	轻钢边龙骨	m	2.40	64.600	64.600	64.600
	转角连接件	个	0.50	16.400	16.400	16.400
	自攻螺丝 M25×2.5	个	0.03	412.000	309.000	206.000
	其他材料费	元	1.00	56.880	56.880	56.880
机械	其他机械费	元	1.00	25.200	21.400	17.500

注：主龙骨间距按900计算，间距是800时，主龙骨及主连接件乘以1.08系数，间距是1000时，主龙骨及主连接件乘以0.9系数。

工作内容：1.选料、切割、下料、安装龙骨及吊配附件等；
2.临时加固、调整、校正；
3.预留位置、整体调整。

计量单位：100m²

定额编号				Z3-18
项目名称				普通轻钢龙骨天棚
				装配式U型
				轻钢龙骨
基价（元）				5323.35
其中	人工费（元）			1633.80
	材料费（元）			3605.61
	机械费（元）			83.94
名称		单位	单价(元)	消耗量
人工	综合工日	工日	140.00	11.670
材料	50轻钢副龙骨 0.5mm厚	m	4.60	513.070
	50轻钢主龙骨	m	5.60	137.290
	工程用材	m³	2250.00	0.070
	连接件	个	0.30	858.480
	其他材料费	元	1.00	61.620
机械	其他机械费	元	1.00	83.941

3. 铝合金龙骨

工作内容：选料、切割、下料组装、安装龙骨及吊配附件、调整、校正。　　　　计量单位：100m²

定额编号				Z3-19	Z3-20	Z3-21
项目名称				铝合金龙骨		
				装配式T型（面层规格(mm)）		
				500×500mm以内	600×600mm	600×600mm以上
基价（元）				**3619.27**	**3180.85**	**2892.35**
其中	人工费（元）			949.20	882.70	828.10
	材料费（元）			2639.47	2277.75	2045.55
	机械费（元）			30.60	20.40	18.70
名称		单位	单价(元)	消耗量		
人工	综合工日	工日	140.00	6.780	6.305	5.915
材料	50轻钢主龙骨	m	5.60	127.200	127.200	127.200
	50主龙骨连接件	个	0.35	43.590	43.590	43.590
	T型主龙骨挂件	个	0.30	—	195.840	195.840
	角铝 25×25×1	m	2.59	64.600	64.600	64.600
	铝合金T型次龙骨	m	2.70	244.300	180.000	94.000
	铝合金T型主龙骨	m	3.90	252.700	189.400	189.400
	木方	m³	1675.21	0.020	0.020	0.020
	其他材料费	元	1.00	65.940	65.940	65.940
机械	其他机械费	元	1.00	30.600	20.400	18.700

工作内容：选料、切割、下料组装、安装龙骨及吊配附件、临时固定支撑、安封边龙骨、调整、校正。

计量单位：100m²

定额编号				Z3-22
项目名称				铝合金条板龙骨
基价（元）				2589.64
其中	人工费（元）			831.60
	材料费（元）			1733.54
	机械费（元）			24.50
名称		单位	单价(元)	消耗量
人工	综合工日	工日	140.00	5.940
材料	50轻钢主龙骨	m	5.60	127.200
	连接件	个	0.30	50.000
	铝合金条板L形边龙骨	m	3.42	80.000
	铝合金条板龙骨	m	4.90	127.200
	其他材料费	元	1.00	109.340
机械	其他机械费	元	1.00	24.500

四、天棚基层

工作内容：裁制、安装天棚基层等全部操作过程。　　　　计量单位：100m²

定额编号				Z3-23	Z3-24	Z3-25	Z3-26
项目名称				钉在龙骨或板上			
				五夹板	平面木工板	石膏板	硅酸钙板
基价（元）				2087.42	5098.61	1918.52	2805.77
其中	人工费（元）			512.40	768.04	707.00	707.00
	材料费（元）			1555.02	4300.57	1191.52	2078.77
	机械费（元）			20.00	30.00	20.00	20.00
名称		单位	单价(元)	消耗量			
人工	综合工日	工日	140.00	3.660	5.486	5.050	5.050
材料	F30气枪钉	盒	7.50	—	4.000	—	—
	白乳胶	kg	5.38	4.000	4.000	4.000	4.000
	工程用材	m³	2250.00	0.030	0.035	0.020	0.020
	硅酸钙板	m²	17.95	—	—	—	105.000
	石膏板 9.5mm	m²	9.50	—	—	105.000	—
	五夹板	m²	13.00	105.000	—	—	—
	细木工板 18mm	m²	38.46	—	105.000	—	—
	自攻螺丝 M25×2.5	百个	3.00	27.000	29.000	32.500	32.500
	其他材料费	元	1.00	20.000	45.000	30.000	30.000
机械	其他机械费	元	1.00	20.000	30.000	20.000	20.000

注：平面木工板基层宽度＜300mm时，按木工板立边计算。

工作内容：裁制、安装天棚基层等全部操作过程。　　　　计量单位：100㎡

定额编号				Z3-27
项目名称				木工板立边
基价（元）				6624.77
其中	人工费（元）			1856.40
	材料费（元）			4738.37
	机械费（元）			30.00
名称		单位	单价(元)	消耗量
人工	综合工日	工日	140.00	13.260
材料	F30气枪钉	盒	7.50	7.500
	白乳胶	kg	5.38	4.000
	工程用材	m³	2250.00	0.100
	细木工板 18mm	m²	38.46	110.000
	自攻螺丝 M25×3.5	百个	5.00	29.000
	其他材料费	元	1.00	60.000
机械	其他机械费	元	1.00	30.000

注：圆形立边定额子目乘以系数1.3。

五、天棚面层

工作内容：清理基层，裁制、安装面板、打胶勾缝等全部操作过程。　　　　计量单位：100m²

定额编号				Z3-28	Z3-29	Z3-30
项目名称				粘贴在基层板上		
				木饰面板	木饰面板	
					分缝	拼花
基价（元）				3200.48	3485.46	3989.10
其中	人工费（元）			576.80	784.00	1101.80
	材料费（元）			2601.18	2673.46	2855.30
	机械费（元）			22.50	28.00	32.00
名称		单位	单价(元)	消耗量		
人工	综合工日	工日	140.00	4.120	5.600	7.870
材料	玻璃胶 310mL	支	7.80	—	7.200	—
	工程用材	m³	2250.00	0.010	0.010	0.010
	饰面板	m²	18.00	110.000	110.000	120.000
	万能胶	kg	18.00	32.600	32.600	35.600
	其他材料费	元	1.00	11.880	28.000	32.000
机械	其他机械费	元	1.00	22.500	28.000	32.000

工作内容：清理基层，裁制、安装面板、打胶勾缝等全部操作过程。　　计量单位：100m²

定额编号				Z3-31	Z3-32	Z3-33	Z3-34
项目名称				粘贴在基层板上			
				铝塑板面层	防火板面层	吸声板面层	竹片面层
基价（元）				8925.18	4746.65	8880.65	4178.20
其中	人工费（元）			1673.98	952.00	952.00	868.00
	材料费（元）			7203.20	3774.65	7908.65	3262.20
	机械费（元）			48.00	20.00	20.00	48.00
名称		单位	单价(元)	消耗量			
人工	综合工日	工日	140.00	11.957	6.800	6.800	6.200
材料	半圆竹片	m²	30.00	—	—	—	105.000
	玻璃胶 310mL	支	7.80	28.000	—	—	—
	钉	kg	4.80	—	—	—	14.000
	防火板	m²	30.17	—	105.000	—	—
	铝塑板 3mm	m²	60.00	106.000	—	—	—
	万能胶	kg	18.00	32.600	32.600	28.000	—
	吸声板	m²	70.33	—	—	105.000	—
	其他材料费	元	1.00	38.000	20.000	20.000	45.000
机械	其他机械费	元	1.00	48.000	20.000	20.000	48.000

注：艺术天棚面层板数量按实计算，（人工费按相应子目乘以系数1.5）。

工作内容：清理基层，裁制、安装面板等全部操作过程。 计量单位：100m²

定额编号				Z3-35	Z3-36	Z3-37
项目名称				粘贴在基层板上		
				不锈钢板	铜皮	镜面玻璃
基价（元）				23549.32	49640.00	8778.28
其中	人工费（元）			1937.32	1778.00	2048.20
	材料费（元）			21482.00	47732.00	6640.08
	机械费（元）			130.00	130.00	90.00
名称		单位	单价(元)	消耗量		
人工	综合工日	工日	140.00	13.838	12.700	14.630
材料	玻璃胶 310mL	支	7.80	—	—	30.000
	不锈钢板 304系列 1.2mm厚	m²	200.00	105.000	—	—
	成品定制1.2mm铜板	m²	450.00	—	105.000	—
	硅酮耐候密封胶 590mL	支	30.00	—	—	58.000
	镜面玻璃 5mm	m²	44.00	—	—	103.000
	双面胶带纸	m²	4.20	—	—	22.400
	万能胶	kg	18.00	24.000	24.000	—
	其他材料费	元	1.00	50.000	50.000	40.000
机械	其他机械费	元	1.00	130.000	130.000	90.000

工作内容：清理基层，裁制、安装面板等全部操作过程。　　　　计量单位：100m²

定额编号				Z3-38	Z3-39	Z3-40
项目名称				安装在U型轻钢龙骨或板上石膏板	搁在T型铝合金龙骨上	
					矿棉板	硅钙板
基价（元）				2155.78	2698.65	2090.70
其中	人工费（元）			875.00	450.80	450.80
	材料费（元）			1255.78	2237.85	1629.90
	机械费（元）			25.00	10.00	10.00
名称		单位	单价(元)	消耗量		
人工	综合工日	工日	140.00	6.250	3.220	3.220
材料	白乳胶	kg	5.38	6.000	—	—
	工程用材	m³	2250.00	0.020	—	—
	硅钙板	m²	15.38	—	—	105.000
	矿棉板	m²	21.17	—	105.000	—
	石膏板 9.5mm	m²	9.50	110.000	—	—
	自攻螺丝 M25×2.5	百个	3.00	34.500	—	—
	其他材料费	元	1.00	30.000	15.000	15.000
机械	其他机械费	元	1.00	25.000	10.000	10.000

工作内容：清理基层，裁制、安装面板等全部操作过程。　　　　计量单位：100m²

定额编号				Z3-41	Z3-42
项目名称				装配式	
				铝合金板面层	铝单板面层
基价（元）				10152.40	21830.40
其中	人工费（元）			1120.00	2273.60
	材料费（元）			9017.40	19496.80
	机械费（元）			15.00	60.00
名称		单位	单价(元)	消耗量	
人工	综合工日	工日	140.00	8.000	16.240
材料	玻璃胶 310mL	支	7.80	—	60.000
	成品定制铝单板 2.0mm	m²	180.00	—	105.000
	工程用材	m³	2250.00	0.016	0.016
	铝合金方板 0.8mm	m²	85.00	105.000	—
	铆钉	个	0.06	—	880.000
	自攻螺丝 M25×2.5	百个	3.00	8.800	—
	其他材料费	元	1.00	30.000	40.000
机械	其他机械费	元	1.00	15.000	60.000

工作内容：清理基层，裁制、安装面板等全部操作过程。　　计量单位：100m²

定额编号				Z3-43	Z3-44	Z3-45
项目名称				浮搁式		
				透明有机玻璃	塑料格栅	铝合金方板
基价（元）				6276.80	5296.80	6881.30
其中	人工费（元）			840.00	910.00	518.00
	材料费（元）			5409.30	4359.30	6342.30
	机械费（元）			27.50	27.50	21.00
名称		单位	单价(元)	消耗量		
人工	综合工日	工日	140.00	6.000	6.500	3.700
材料	玻璃胶 310mL	支	7.80	15.000	15.000	—
	工程用材	m³	2250.00	0.010	0.010	0.010
	铝合金方板 0.6mm	m²	60.00	—	—	105.000
	塑料格栅	m²	40.00	—	105.000	—
	透明有机玻璃	m²	50.00	105.000	—	—
	其他材料费	元	1.00	19.800	19.800	19.800
机械	其他机械费	元	1.00	27.500	27.500	21.000

工作内容：清理基层，裁制、安装面板等全部操作过程。　　　　计量单位：100m²

定额编号				Z3-46	Z3-47
项目名称				嵌入式	
				铝合金方板	铝合金条板天棚
基价（元）				7209.80	10552.10
其中	人工费（元）			840.00	940.80
	材料费（元）			6342.30	9586.30
	机械费（元）			27.50	25.00
名称		单位	单价(元)	消耗量	
人工	综合工日	工日	140.00	6.000	6.720
材料	插接件	个	0.40	—	339.000
	工程用材	m³	2250.00	0.010	—
	铝合金方板 0.6mm	m²	60.00	105.000	—
	铝合金条板 1.0mm	m²	89.74	—	105.000
	其他材料费	元	1.00	19.800	28.000
机械	其他机械费	元	1.00	27.500	25.000

工作内容：清理基层，裁制、安装面板等全部操作过程。　　　　计量单位：100m²

定额编号				Z3-48	Z3-49
项目名称				安装在龙骨或基层板上	
				织物软包	铝板网
基价（元）				15926.24	4573.03
其中	人工费（元）			994.00	820.40
	材料费（元）			14917.24	3727.63
	机械费（元）			15.00	25.00
名称		单位	单价（元）	消耗量	
人工	综合工日	工日	140.00	7.100	5.860
材料	扣钉	kg	8.97	—	3.080
	铝板网	m²	35.00	—	105.000
	双面强力弹性胶带	m	3.86	504.000	—
	万能胶	kg	18.00	32.600	—
	织物软包(成品)	m²	120.00	103.000	—
	其他材料费	元	1.00	25.000	25.000
机械	其他机械费	元	1.00	15.000	25.000

工作内容：电锤打眼、埋膨胀螺栓、截料、弹线拼装格栅、吊装面层等全部操作过程。 计量单位：100m²

定额编号				Z3-50	Z3-51
项目名称				安装在龙骨或基层板上	
				塑料扣板	透光灯膜
基价（元）				4454.72	14191.80
其中	人工费（元）			1442.00	1554.00
	材料费（元）			2992.46	12637.80
	机械费（元）			20.26	—
名称		单位	单价(元)	消耗量	
人工	综合工日	工日	140.00	10.300	11.100
材料	玻璃胶 310mL	支	7.80	—	15.000
	防腐油	kg	1.46	0.600	—
	耐热胶垫	m	1.54	—	70.000
	松木成材	m³	1435.27	0.850	—
	塑料扣板	m²	15.00	108.000	—
	塑料扣板阴角线 30×30mm	m	1.20	80.000	—
	铁钉	kg	3.56	3.200	—
	透光灯膜(含配套铝制龙骨)	m²	120.00	—	103.000
	自攻螺丝 M25×2.5	百个	3.00	2.070	5.000
	其他材料费	元	1.00	38.000	38.000
机械	木工圆锯机 500mm	台班	25.33	0.800	—

工作内容：电锤打眼、埋膨胀螺栓、截料、弹线拼装格栅、吊装面层等全部操作过程。 计量单位：见表

定额编号				Z3-52	Z3-53
项目名称				铝合金挂片天棚	成品木方格吊顶
单位				100m	$100m^2$
基价（元）				**1719.00**	**6715.91**
其中	人工费（元）			252.00	840.00
	材料费（元）			1467.00	5875.91
	机械费（元）			—	—
名称		单位	单价(元)	消耗量	
人工	综合工日	工日	140.00	1.800	6.000
材料	白乳胶	kg	5.38	—	3.700
	成品木方格	m^2	55.00	—	105.000
	镀锌铁丝 16号	kg	3.57	—	6.000
	铝合金挂片(含配套挂件)	m	14.00	103.000	—
	铁钉	kg	3.56	—	5.500
	自攻螺丝 M25×2.5	百个	3.00	5.000	—
	其他材料费	元	1.00	10.000	40.000

工作内容：电锤打眼、埋膨胀螺栓、截料、弹线拼装格栅、吊装面层等全部操作过程。 计量单位：100m²

定额编号				Z3-54	Z3-55	Z3-56
项目名称				铝格栅吊顶	烤漆钢	不锈钢
					格栅吊顶	
基价（元）				7125.70	15362.81	25185.21
其中	人工费（元）			736.40	562.80	935.20
	材料费（元）			6389.30	14800.01	24250.01
	机械费（元）			—	—	—
名称		单位	单价(元)	消耗量		
人工	综合工日	工日	140.00	5.260	4.020	6.680
材料	成品不锈钢方格	m²	230.00	—	—	105.000
	成品钢方格	m²	140.00	—	105.000	—
	成品铝格栅(含配件)	m²	60.00	105.000	—	—
	镀锌铁丝 16号	kg	3.57	6.000	9.000	9.000
	合金钢钻头 φ14	个	5.50	1.250	1.250	1.250
	膨胀螺栓 M8×80	套	0.30	70.000	70.000	70.000
	其他材料费	元	1.00	40.000	40.000	40.000

工作内容：电锤打眼、埋膨胀螺栓、截料、弹线拼装格栅、吊装面层等全部操作过程。 计量单位：100m²

定额编号				Z3-57
项目名称				PS灯片
基价（元）				5043.00
其中	人工费（元）			763.00
	材料费（元）			4280.00
	机械费（元）			—
名称		单位	单价(元)	消耗量
人工	综合工日	工日	140.00	5.450
材料	PS灯片	m²	40.00	105.000
	其他材料费	元	1.00	80.000

六、其他天棚

工作内容：1. 石膏压花安装、修花、压实；
　　　　　2. 定位、弹线、下料、开孔、加固、清理等全部操作过程。　　　　计量单位：10个

定额编号				Z3-58	Z3-59	Z3-60	Z3-61
项目名称				石膏		格栅灯孔	筒灯孔
				艺术灯盘	艺术角花		
基价（元）				831.30	406.05	199.86	39.40
其中	人工费（元）			224.00	78.40	63.00	30.80
	材料费（元）			607.30	327.65	136.86	8.60
	机械费（元）			—	—	—	—
名称		单位	单价（元）	消耗量			
人工	综合工日	工日	140.00	1.600	0.560	0.450	0.220
材料	50轻钢副龙骨 0.5mm厚	m	4.60	—	—	25.440	—
	白乳胶	kg	5.38	5.000	2.500	—	—
	石膏粉	kg	0.40	20.000	10.000	—	—
	石膏浮雕艺术灯盘 φ800	个	50.00	10.300	—	—	—
	石膏浮雕艺术角花 φ500	个	30.00	—	10.300	—	—
	自攻螺丝	百个	3.00	0.800	0.400	0.880	—
	其他材料费	元	1.00	55.000	—	17.200	8.600

注：1. 格栅灯孔子目中轻钢龙骨用量可按实调整，损耗按6%计；
　　2. 喷淋等预留孔按筒灯孔乘以系数0.65。

工作内容：定位、弹线、预拼、下料、安装木龙骨、基层木工板、面层、清理等全部操作过程。

计量单位：10m

定额编号				Z3-62	Z3-63
项目名称				灯带(200×150×100)	
				直线	曲线
基价(元)				651.82	717.97
其中	人工费(元)			124.60	163.80
	材料费(元)			527.22	554.17
	机械费(元)			—	—
名称		单位	单价(元)	消耗量	
人工	综合工日	工日	140.00	0.890	1.170
材料	白乳胶	kg	5.38	1.974	2.170
	工程用材	m^3	2250.00	0.120	0.120
	石膏板 9.5mm	m^2	9.50	4.700	5.170
	铁钉	kg	3.56	0.650	0.650
	细木工板 18mm	m^2	38.46	5.040	5.540
	其他材料费	元	1.00	5.800	8.000

工作内容：定位、弹线、下料、截料、制框、开孔、加固、安装、清理等全部操作过程。

计量单位：10个

定额编号				Z3-64	Z3-65	Z3-66
项目名称				石膏板检修口		成品检修口
				400×400	600×600	450×450
基价（元）				397.16	521.80	653.41
其中	人工费（元）			198.80	224.00	154.00
	材料费（元）			198.36	297.80	499.41
	机械费（元）			—	—	—
名称		单位	单价(元)	消耗量		
人工	综合工日	工日	140.00	1.420	1.600	1.100
材料	50轻钢副龙骨 0.5mm厚	m	4.60	16.960	25.440	19.080
	成品检修口 450×450	个	40.00	—	—	10.100
	工程用材	m^3	2250.00	0.010	0.010	—
	九厘板	m^2	18.00	1.680	3.780	—
	石膏板 9.5mm	m^2	9.50	1.680	1.680	—
	水平线 50	m	2.00	17.000	26.400	—
	自攻螺丝	百个	3.00	0.880	1.160	0.880
	其他材料费	元	1.00	15.000	18.000	5.000

注：龙骨用量可按实调整。

工作内容：1.铺设保温吸声材料、固定；
2.吊筋安装走道铁件制作、安装、刷防锈漆、铺走道板固定等全部操作过程。

计量单位：见表

定额编号				Z3-67	Z3-68	Z3-69
项目名称				超细玻璃丝棉	天棚检修道(宽度按500mm) 无吊杆	天棚检修道(宽度按500mm) 有吊杆
单位				100m²	10m	10m
基价（元）				**2678.48**	**487.20**	**836.22**
其中	人工费（元）			515.20	88.20	235.20
	材料费（元）			2140.68	378.00	556.02
	机械费（元）			22.60	21.00	45.00
名称		单位	单价(元)	消耗量		
人工	综合工日	工日	140.00	3.680	0.630	1.680
材料	玻璃丝棉 100mm	m²	20.00	102.000	—	—
	成品镀锌铁件	kg	5.70	—	—	30.000
	镀锌铁丝 16号	kg	3.57	16.000	—	—
	工程用材	m³	2250.00	—	0.160	0.160
	自攻螺丝 M25×2.5	百个	3.00	—	—	0.340
	其他材料费	元	1.00	43.560	18.000	24.000
机械	其他机械费	元	1.00	22.600	21.000	45.000

注：1、天棚如是岩棉，材料换算；
2、天棚检修道采用钢骨架时，执行其他子目。

第四章　幕墙工程

说　明

1. 本章所涉及定额子目中的施工工艺、材料规格、质量、技术要求等，均应符合国家施工规范及验收标准要求。

2. 本章未含国家施工验收规范中要求发生的检测、试验费用。

3. 定额子目中的面层材料与设计不同时，可按实际材料换算，但人工、辅材、机械等均不得调整。

4. 梁柱面干挂是指独立梁、柱面石材干挂，与墙面相连的附墙柱、梁等不能套用。干挂墙砖已包含干挂时所需要增加的背筋费用。

5. 幕墙已含面层制作、安装时所需的辅材。金属板幕墙不含铝合金背筋材料。成品一体化幕墙是指由专业厂家生产龙骨、保温、面层一体的专用幕墙。

6. 圆弧形幕墙是指干挂面层及钢龙骨需要进行圆弧形加工的幕墙，平面组装成圆弧形的幕墙不能套用，其中：钢龙骨加工成圆弧形，加工费用另计，定额人工乘以系数 1.2。

7. 玻璃幕墙设计有窗者，并入幕墙面积计算，窗的五金用量按实计算。

8. 幕墙窗子目是指不在幕墙上只在独立窗口上采用幕墙配套铝型材料制作、安装的铝合金幕墙窗。

9. 钢骨架子目型材是按热镀锌处理计入，如实际处理方式不同，可按实计算。

10. 定额子目中的化学螺栓、穿墙螺栓是指固定后置件所用螺栓，其他各种螺栓配件等均已包含在干挂面层子目内。

11. 石材线条是指突出墙面的异形线条，墙面分色带含在墙面内。

12. 弧形、梯形等异形玻璃放模费按面层定额人工乘以系数 0.1。

13. 铝塑板、铝单板干挂雨篷面层执行相应幕墙面层子目。

14. 铝塑单板不区分平面、圆弧形。

工程量计算规则

一、石材幕墙按设计图示尺寸以展开面积计算。

二、金属板幕墙按设计图示尺寸以展开面积计算，折边隐藏进行固定部分，面积不在另计算。

三、全玻幕墙如有加强肋者，工程量按其展开面积计算；带骨架玻璃幕墙按设计图示尺寸以框外围面积计算。

四、幕墙龙骨按设计图示尺寸以质量计算。

五、铝合金百叶幕墙、单独幕墙窗按设计图示洞口尺寸以面积计算，铝合金型材用量可按实调整。

六、玻璃雨篷按玻璃实际面积计算；金属板雨篷按设计图示尺寸以展开面积计算。

七、幕墙防火带按设计图示宽度，以单面投影面积计算。

八、幕墙四周收口按设计图示尺寸以延长米计算，人工、材料含量不得调整。

九、结构防雷系统按设计图示尺寸以延长米计算。

十、玻璃面开孔另计，夹胶玻璃（中空）开孔加成品密封圈，10 元/个；单层玻璃开孔 100×100 以内，5 元/个。

十一、面层保温一体化幕墙按设计图示尺寸以展开面积计算。

一、石材、墙砖幕墙

1.墙面钢龙骨上干挂石材

工作内容：1.清理基层、切割石材、阴阳角内倒角、钻孔成槽、安螺栓、挂石材；
2.打胶勾缝、清理面层。

计量单位：100m²

定额编号				Z4-1	Z4-2	Z4-3
项目名称				干挂石材		
				墙面		墙柱面
				密缝	勾缝	背栓式
基价（元）				24712.08	25930.28	27341.87
其中	人工费（元）			4830.00	5154.80	5415.20
	材料费（元）			19732.08	20605.48	21166.67
	机械费（元）			150.00	170.00	760.00
名称		单位	单价（元）	消耗量		
人工	综合工日	工日	140.00	34.500	36.820	38.680
材料	1.2厚专用美纹纸	m	0.15	—	652.000	—
	AB胶	kg	25.00	20.000	20.000	4.500
	不锈钢背栓挂件系统	套	7.00	—	—	698.000
	不锈钢干挂件	套	3.60	520.000	520.000	—
	不锈钢螺栓组 M8×30	套	1.55	520.000	520.000	—
	硅酮耐候密封胶 590mL	支	30.00	—	30.000	—
	棉纱头	kg	6.00	1.500	1.500	1.500
	泡沫棒 φ8	m	0.60	—	326.000	—
	石材	m²	160.00	102.500	100.500	100.500
	石料切割锯片	片	39.00	2.690	2.690	1.000
	水	m³	7.96	0.420	0.420	0.420
	塑料薄膜	m²	0.20	28.050	28.050	28.050
	云石胶	kg	7.00	4.460	4.460	4.460
机械	其他机械费	元	1.00	150.000	170.000	760.000

注：1.背栓式石材有勾缝时，应增加泡沫棒326m，美纹纸652m，耐候密封胶590ml30支，人工5.6个工日；
2.开放式挡水板费用另计；
3.背栓石材机具费已含厂家开孔费用。

工作内容：钢销安装、打胶。　　　　计量单位：10个

定额编号				Z4-4
项目名称				转角钢销
基价（元）				86.75
其中	人工费（元）			56.00
	材料费（元）			30.75
	机械费（元）			—
名称		单位	单价(元)	消耗量
人工	综合工日	工日	140.00	0.400
材料	AB胶	kg	25.00	0.200
	不锈钢钢销	个	2.50	10.300

2.梁柱面钢龙骨上干挂石材

工作内容：1.清理基层、切割石材、阴阳角内倒角、钻孔成槽、安螺栓、挂石材；
2.打胶勾缝、清理净面。

计量单位：$100m^2$

定额编号				Z4-5	Z4-6
项目名称				干挂石材	
				梁柱面	
				密缝	勾缝
基价（元）				25558.75	26930.15
其中	人工费（元）			5555.20	5927.60
	材料费（元）			19843.55	20802.55
	机械费（元）			160.00	200.00
名称		单位	单价（元）	消耗量	
人工	综合工日	工日	140.00	39.680	42.340
材料	1.2厚专用美纹纸	m	0.15	—	740.000
	AB胶	kg	25.00	20.000	20.000
	不锈钢干挂件	套	3.60	520.000	520.000
	不锈钢螺栓组 M8×30	套	1.55	520.000	520.000
	硅酮耐候密封胶 590mL	支	30.00	—	34.000
	棉纱头	kg	6.00	1.500	1.500
	泡沫棒	m	0.40	—	370.000
	石材	m^2	160.00	103.000	101.000
	石料切割锯片	片	39.00	3.490	3.490
	水	m^3	7.96	0.420	0.420
	塑料薄膜	m^2	0.20	28.000	28.000
	云石胶	kg	7.00	4.500	4.500
机械	其他机械费	元	1.00	160.000	200.000

3.圆柱面钢龙骨上干挂石材

工作内容：1.清理基层、切割石材、阴阳角内倒角、钻孔成槽、安螺栓、挂石材；
2.打胶勾缝、清理净面。

计量单位：100m²

定额编号				Z4-7	Z4-8
项目名称				圆柱面干挂石材	
				密缝	勾缝
基价（元）				59181.20	60320.00
其中	人工费（元）			5616.80	5948.60
	材料费（元）			53394.40	54201.40
	机械费（元）			170.00	170.00
名称		单位	单价(元)	消耗量	
人工	综合工日	工日	140.00	40.120	42.490
材料	1.2厚专用美纹纸	m	0.15	—	512.000
	AB胶	kg	25.00	22.400	22.400
	不锈钢挂件	套	4.00	583.000	583.000
	不锈钢螺栓组 M8×30	套	1.55	583.000	583.000
	硅酮耐候密封胶 590mL	支	30.00	—	27.000
	棉纱头	kg	6.00	1.500	1.500
	泡沫棒 Φ8	m	0.60	—	267.000
	石材弧形板	m²	480.00	103.000	102.500
	石料切割锯片	片	39.00	2.810	2.810
	水	m³	7.96	0.420	0.420
	塑料薄膜	m²	0.20	28.000	28.000
	云石胶	kg	7.00	4.460	4.460
机械	其他机械费	元	1.00	170.000	170.000

4.钢龙骨上干挂墙面砖

工作内容：1.清理基层、切割面板、阴阳角内倒角、安背筋、钻孔成槽、安装螺栓、挂面板；
2.打胶、清理净面等。

计量单位：100m²

定额编号				Z4-9	Z4-10
项目名称				墙面	梁柱面
				钢龙骨上	
				干挂	
基价（元）				17088.09	18314.10
其中	人工费（元）			4998.00	5827.36
	材料费（元）			11970.09	12361.74
	机械费（元）			120.00	125.00
名称		单位	单价(元)	消耗量	
人工	综合工日	工日	140.00	35.700	41.624
材料	AB胶	kg	25.00	20.000	20.000
	不锈钢干挂件	套	3.60	520.000	561.000
	不锈钢螺栓组 M8×30	套	1.55	520.000	561.000
	棉纱头	kg	6.00	1.500	1.500
	墙面砖	m²	80.00	106.000	108.000
	石料切割锯片	片	39.00	2.690	2.690
	水	m³	7.96	0.400	0.400
	云石胶	kg	7.00	15.000	16.500
	其他材料费	元	1.00	90.000	100.000
机械	其他机械费	元	1.00	120.000	125.000

二、玻璃幕墙

1.金属龙骨上安玻璃

工作内容：测量铝合金玻璃框尺寸、安装玻璃、打结构胶、贴胶条、安装配件、周边塞口、打耐候胶、清理等全部操作过程。

计量单位：100m²

定额编号				Z4-11	Z4-12	Z4-13
项目名称				金属龙骨		
				隐框玻璃幕墙	明框玻璃幕墙	半隐框玻璃幕墙
基价（元）				**27167.38**	**28744.61**	**31912.53**
其中	人工费（元）			4656.96	4586.40	4623.22
	材料费（元）			22510.42	24158.21	27289.31
	机械费（元）			—	—	—
名称		**单位**	**单价(元)**	**消耗量**		
人工	综合工日	工日	140.00	33.264	32.760	33.023
材料	1.2厚专用美纹纸	m	0.15	760.000	160.000	260.000
	硅酮结构胶	支	40.00	—	65.000	115.000
	硅酮耐候密封胶 590mL	支	30.00	104.000	137.500	141.000
	绝缘橡胶垫片	m²	32.24	1.300	1.300	1.300
	幕墙专用双面胶条	m	1.39	809.000	688.700	560.000
	中空双钢化玻璃 6LOW-E+12A+6	m²	170.00	103.000	93.000	100.000
	其他材料费	元	1.00	600.000	600.000	600.000

2. 金属龙骨上安圆弧形玻璃

工作内容：测量铝合金玻璃框尺寸、安装玻璃、打结构胶、贴胶条、安装配件、周边塞口、打耐候胶、清理等全部操作过程。

计量单位：100m²

定额编号				Z4-14	Z4-15	Z4-16
项目名称				金属龙骨		
				隐框玻璃幕墙	明框玻璃幕墙	半隐框玻璃幕墙
基价（元）				42732.27	36388.21	40009.40
其中	人工费（元）			5402.60	5320.00	5362.00
	材料费（元）			37329.67	31068.21	34647.40
	机械费（元）			—	—	—
名称		单位	单价(元)	消耗量		
人工	综合工日	工日	140.00	38.590	38.000	38.300
材料	1.2厚专用美纹纸	m	0.15	760.000	160.000	260.000
	硅酮结构胶	支	40.00	205.000	75.000	125.000
	硅酮耐候密封胶 590mL	支	30.00	104.000	137.500	141.000
	绝缘橡胶垫片	m²	32.24	1.300	1.300	—
	幕墙专用双面胶条	m	1.39	384.000	688.700	560.000
	圆弧形玻璃 6LOW-E+12A+6	m²	240.00	103.000	93.000	100.000
	其他材料费	元	1.00	600.000	600.000	600.000

3. 铝合金幕墙窗

工作内容：测量放线、放样、校正、肋玻安装并调试，吊挂件安装、玻璃试装、玻璃安装、玻璃校正、注胶清理。

计量单位：100m²

定额编号				Z4-17	Z4-18
项目名称				全玻璃幕墙	
				坐装式	吊挂式
基价（元）				23615.14	27124.80
其中	人工费（元）			4006.80	5769.40
	材料费（元）			19589.95	20827.80
	机械费（元）			18.39	527.60
名称		单位	单价(元)	消耗量	
人工	综合工日	工日	140.00	28.620	41.210
材料	1.2厚专用美纹纸	m	0.15	445.000	380.000
	PVC垫片 10mm	m²	40.00	4.000	3.600
	玻璃胶 310mL	支	7.80	174.000	146.000
	不锈钢玻璃吊夹	套	80.00	—	20.000
	钢化玻璃 δ15	m²	170.00	103.000	103.000
	泡沫棒 φ8	m	0.60	160.000	130.000
	其他材料费	元	1.00	400.000	300.000
机械	单速电动葫芦 2t	台班	30.65	0.600	0.520
	汽车式起重机 8t	台班	763.67	—	0.670

注：玻璃吊夹数量可按实调整。

工作内容：1.制作：型材矫正，放样下料、切割断料、钻孔组装、制作搬运；
2.安装：现场搬运、安装、校正框扇、玻璃、五金配件、周边塞口、清扫等；
3.电动装置安装：现场搬运、打孔、安装、调试等全过程。　　计量单位：见表

定额编号				Z4-19	Z4-20	Z4-21
项目名称				铝合金中悬窗 制作、安装	铝合金上悬窗 制作、安装	悬窗电动装置
单位				100m²	100m²	套
基价（元）				**58260.34**	**59121.73**	**1492.60**
其中	人工费（元）			10080.00	10500.00	56.00
其中	材料费（元）			47880.34	48321.73	1411.60
其中	机械费（元）			300.00	300.00	25.00
名称		**单位**	**单价(元)**	**消耗量**		
人工	综合工日	工日	140.00	72.000	75.000	0.400
材料	玻璃胶 310mL	支	7.80	78.570	78.570	—
材料	不锈钢 螺钉M6	个	0.20	650.000	650.000	—
材料	不锈钢悬窗铰链 16寸	把	16.00	—	138.800	—
材料	地脚	个	1.08	888.890	888.890	—
材料	电机	套	1400.00	—	—	1.000
材料	合金钢钻头 φ10	个	2.80	11.110	11.110	—
材料	铝合金型材	kg	21.00	1200.000	1200.000	—
材料	密封油膏	kg	6.50	58.740	58.740	—
材料	膨胀螺栓	套	0.58	—	—	20.000
材料	膨胀螺栓 φ10	套	1.10	1777.800	1777.800	—
材料	软填料	kg	8.26	65.010	65.010	—
材料	锁座	个	2.00	138.800	138.800	—
材料	悬窗风撑	副	12.82	138.800	—	—
材料	悬窗执手	把	25.00	69.400	69.400	—
材料	中空双钢化玻璃 6LOW-E+12A+6	m²	170.00	84.000	84.000	—
机械	其他机械费	元	1.00	300.000	300.000	25.000

注：铝合金型材、悬窗五金件可按实调整。

三、金属板幕墙

工作内容：测量放线、放样、铝塑板板块制作、成品铝单板板块安装、铝板校正、注胶清理。

计量单位：100m²

定额编号				Z4-22	Z4-23
项目名称				铝塑板幕墙	铝单板幕墙
基价（元）				18754.84	29609.02
其中	人工费（元）			3241.00	3220.00
	材料费（元）			14356.40	26374.40
	机械费（元）			1157.44	14.62
名称		单位	单价(元)	消耗量	
人工	综合工日	工日	140.00	23.150	23.000
材料	1.2厚专用美纹纸	m	0.15	680.000	680.000
	不锈钢螺钉	个	1.00	940.000	940.000
	成品定制铝单板 2.5mm	m²	240.00	—	103.000
	复合铝塑板 4mm	m²	100.00	108.000	—
	硅酮耐候密封胶 590mL	支	30.00	59.400	—
	泡沫棒 φ8	m	0.60	354.000	354.000
	其他材料费	元	1.00	520.000	400.000
机械	开槽机	台班	134.45	8.500	—
	石料切割机	台班	48.73	0.300	0.300

注：板材、弧形加工费另计，人工费乘以系数1.2(含放模费)。

四、点支撑玻璃幕墙

工作内容：测量放线、放样、基层调试，驳接爪母座安装，驳接爪安装调试、玻璃试装、玻璃安装、玻璃校正、注胶清理。

计量单位：100m²

定额编号				Z4-24	Z4-25
项目名称				点式玻璃幕墙	
				平面	圆弧形、梯形
基价（元）				20725.71	29309.22
其中	人工费（元）			5896.80	6486.48
	材料费（元）			14692.17	22686.00
	机械费（元）			136.74	136.74
名称		单位	单价(元)	消耗量	
人工	综合工日	工日	140.00	42.120	46.332
材料	1.2厚专用美纹纸	m	0.15	400.000	400.000
	玻璃胶 310mL	支	7.80	148.200	148.200
	不锈钢单爪件 250系列	套	80.00	1.200	1.200
	不锈钢双爪件 250系列	套	140.00	13.600	13.600
	不锈钢四爪件 250系列	套	200.00	22.400	22.400
	电焊条	kg	5.98	8.000	8.000
	钢化玻璃 δ12	m²	62.39	103.000	—
	弧形钢化玻璃 12mm	m²	140.00	—	103.000
	泡沫棒 φ8	m	0.60	287.000	287.000
	其他材料费	元	1.00	350.000	350.000
机械	单速电动葫芦 2t	台班	30.65	0.700	0.700
	交流弧焊机 42kV·A	台班	115.28	1.000	1.000

注：不锈钢爪件数量可按实调整。

工作内容：测量放线、放样、受力索和悬空杆初装，预应力张拉、受力索初装、预应力张拉、受力索初装、预应力张拉、稳定素安装张拉、调整、驳接爪初装调整、玻璃试装、玻璃安装、玻璃校正、注胶清理。

计量单位：100m²

定额编号				Z4-26	Z4-27
项目名称				点式玻璃幕墙	
				双层拉索结构	单层拉索结构
基价（元）				94796.80	97268.34
其中	人工费（元）			11173.40	9896.60
	材料费（元）			83480.90	87079.38
	机械费（元）			142.50	292.36
名称		单位	单价(元)	消耗量	
人工	综合工日	工日	140.00	79.810	70.690
材料	1.2厚专用美纹纸	m	0.15	400.000	400.000
	玻璃胶 310mL	支	7.80	114.000	148.200
	不锈钢承重索 φ12	m	85.00	32.000	—
	不锈钢单爪件 300系列	套	150.00	9.000	10.300
	不锈钢受力索 φ24	m	332.00	64.000	—
	不锈钢双爪件 300系列	套	180.00	7.000	12.000
	不锈钢四爪件 300系列	套	260.00	16.000	16.000
	不锈钢索 φ18	m	186.00	55.000	55.000
	不锈钢索 φ19.5	m	220.00	—	85.000
	不锈钢稳定索 φ14	m	114.00	55.000	—
	电焊条	kg	5.98	8.400	18.800
	双层夹胶钢化玻璃	m²	162.00	103.000	103.000
	索具固定端子 φ18	套	583.00	—	7.000
	索具固定端子 φ19.5	套	660.00	—	9.000
	索具固定端子 φ24	套	1701.00	4.400	—
	索具固定器	套	145.00	—	32.000
	索具调节端子 φ12	套	421.00	4.400	—
	索具调节端子 φ14	套	546.00	6.910	—
	索具调节端子 φ18	套	997.00	—	7.000
	索具调节端子 φ19.5	套	1170.00	—	9.000
	索具调节端子 φ24	套	1119.00	4.400	—
	支撑杆	支	385.64	1.100	—
	其他材料费	元	1.00	100.000	100.000
机械	单速电动葫芦 2t	台班	30.65	0.700	0.700
	交流弧焊机 42kV·A	台班	115.28	1.050	2.350

五、玻璃雨篷

工作内容：测量放线、放样、驳接爪母座安装、驳接爪安装调试、玻璃试装、玻璃安装、玻璃校正、注胶清理。

计量单位：100m²

定额编号				Z4-28
项目名称				钢龙骨
				点式钢化夹胶玻璃
				雨篷
基价（元）				41367.38
其中	人工费（元）			5328.40
	材料费（元）			35955.84
	机械费（元）			83.14
名称		单位	单价（元）	消耗量
人工	综合工日	工日	140.00	38.060
材料	1.2厚专用美纹纸	m	0.15	600.000
	玻璃胶 310mL	支	7.80	180.000
	不锈钢单爪件 250系列	套	80.00	2.400
	不锈钢双爪件 250系列	套	140.00	18.300
	不锈钢四爪件 250系列	套	200.00	31.700
	电焊条	kg	5.98	8.000
	夹胶钢化玻璃 8+1.52PVB+8	m²	240.00	103.000
	其他材料费	元	1.00	600.000
机械	交流弧焊机 32kV·A	台班	83.14	1.000

注：驳接爪数量可按实调整。

工作内容：测量放线、放样、玻璃板块料安装、注胶清理。 计量单位：100m²

定额编号				Z4-29
项目名称				金属龙骨钢化夹胶玻璃雨篷
				铺装式
基价（元）				36674.00
其中	人工费（元）			2520.00
	材料费（元）			34154.00
	机械费（元）			—
名称		单位	单价(元)	消耗量
人工	综合工日	工日	140.00	18.000
材料	1.2厚专用美纹纸	m	0.15	420.000
	硅酮结构胶	支	40.00	145.500
	硅酮耐候密封胶 590mL	支	30.00	79.700
	夹胶钢化玻璃 8+1.52PVB+8	m²	240.00	103.000
	其他材料费	元	1.00	1160.000

工作内容：测量放线、放样、块料安装、注胶清理。　　计量单位：100m²

定额编号				Z4-30
项目名称				钢结构、中庭玻璃采光、天井
基价（元）				35381.98
其中	人工费（元）			3677.52
	材料费（元）			31704.46
	机械费（元）			—
名称		单位	单价(元)	消耗量
人工	综合工日	工日	140.00	26.268
材料	1.2厚专用美纹纸	m	0.15	420.000
	硅酮结构胶	支	40.00	85.000
	硅酮耐候密封胶 590mL	支	30.00	79.000
	夹胶钢化玻璃 8+1.52PVB+8	m²	240.00	103.000
	幕墙专用双面胶条	m	1.39	384.000
	泡沫条 φ10	m	0.05	354.000
	其他材料费	元	1.00	600.000

六、成品一体化幕墙

工作内容：测量放线、放样、连接板制作、校正、焊接、防锈处理、连接件安装、调整、龙骨安装、调整、成品板块安装、板块校正、注胶清理。

计量单位：100m²

定额编号				Z4-31
项目名称				铝合金龙骨 成品一体化幕墙
基价（元）				53468.44
其中	人工费（元）			5950.00
	材料费（元）			47437.75
	机械费（元）			80.69
名称		单位	单价（元）	消耗量
人工	综合工日	工日	140.00	42.500
材料	1.2厚专用美纹纸	m	0.15	440.000
	不锈钢标准螺栓 M12×110	套	3.90	57.200
	不锈钢螺栓 M6×25	套	0.54	651.600
	不锈钢螺栓 M6×90	套	1.43	112.000
	电焊条	kg	5.98	20.000
	硅酮耐候密封胶 590mL	支	30.00	59.400
	铝合金型材	kg	21.00	633.400
	面层、保温一体化板	m²	300.00	103.000
	膨胀螺栓 M12×110	套	1.24	110.200
	其他材料费	元	1.00	397.000
机械	交流弧焊机 32kV·A	台班	83.14	0.800
	岩石切割机 3kW	台班	47.25	0.300

七、幕墙龙骨及其他

工作内容：铁件加工安装、螺栓安装、龙骨安装、焊接、补刷防锈漆等。　　　　计量单位：t

定　额　编　号				Z4-32
项　目　名　称				镀锌钢骨架
基　　价（元）				7474.34
其中	人　工　费（元）			1886.50
	材　料　费（元）			4963.73
	机　械　费（元）			624.11
名　称		单位	单价(元)	消　耗　量
人工	综合工日	工日	140.00	13.475
材料	不锈钢螺栓组 M12×110	套	3.90	65.000
	不锈钢螺栓组 M8×35	套	1.70	164.000
	电焊条	kg	5.98	25.000
	镀锌钢材	kg	4.90	636.000
	镀锌角钢	kg	2.25	424.000
	防锈漆	kg	5.62	5.600
	合金钢钻头	个	7.80	7.700
	其他材料费	元	1.00	120.000
机械	交流弧焊机 32kV·A	台班	83.14	4.090
	台式钻床 16mm	台班	4.07	0.140
	岩石切割机 3kW	台班	47.25	6.000

工作内容：铝合金龙骨制安。　　　　　　　　　　　　　　　　　　　　　　计量单位：t

定额编号				Z4-33
项目名称				铝合金型材
基价（元）				27912.78
其中	人工费（元）			4042.08
	材料费（元）			23198.20
	机械费（元）			672.50
名称		单位	单价(元)	消耗量
人工	综合工日	工日	140.00	28.872
材料	不锈钢螺栓组 M12×110	套	3.90	65.000
	合金钢钻头 φ20	个	11.00	7.700
	铝合金型材	kg	21.00	1060.000
	其他材料费	元	1.00	600.000
机械	岩石切割机 3kW	台班	47.25	10.000
	其他机械费	元	1.00	200.000

工作内容：骨架制安、刷防锈漆、安装镀锌铁件。　　　　计量单位：t

定额编号				Z4-34
项目名称				后置镀锌钢板安装
基价（元）				8017.50
其中	人工费（元）			1732.50
	材料费（元）			6058.72
	机械费（元）			226.28
名称		单位	单价(元)	消耗量
人工	综合工日	工日	140.00	12.375
材料	成品镀锌铁件	t	5700.00	1.015
	电焊条	kg	5.98	25.000
	防锈漆	kg	5.62	6.000
	其他材料费	元	1.00	90.000
机械	交流弧焊机 32kV·A	台班	83.14	2.000
	其他机械费	元	1.00	60.000

工作内容：骨架制安刷防锈漆、填防火岩棉、封防火胶泥、安装镀锌铁件等。 计量单位：100m

定额编号				Z4-35	Z4-36
项目名称				幕墙钢板岩棉防火带(10cm宽)	防火带增宽1cm
基价(元)				6591.12	205.63
其中	人工费(元)			1694.00	28.00
	材料费(元)			4638.42	177.63
	机械费(元)			258.70	—
名称		单位	单价(元)	消耗量	
人工	综合工日	工日	140.00	12.100	0.200
材料	电焊条	kg	5.98	6.000	—
	镀锌钢板 δ1.5	m²	56.00	32.400	2.080
	镀锌钢骨架	kg	4.90	419.000	6.050
	防火胶泥	kg	5.00	40.000	—
	防火岩棉 容量80kg/m³	m³	300.00	1.050	0.105
	防锈漆	kg	5.62	2.000	—
	合金钢钻头 φ12	个	3.90	4.000	—
	膨胀螺栓 M8×80	套	0.30	384.000	—
	其他材料费	元	1.00	78.000	—
机械	交流弧焊机 32kV·A	台班	83.14	2.390	—
	其他机械费	元	1.00	60.000	—

工作内容：安装百叶等。　　　　　　　　　　　　　　　　　　　　　　　　计量单位：100m²

定额编号				Z4-37
项目名称				幕墙上铝合金百叶
基价（元）				20595.80
其中	人工费（元）			3038.00
	材料费（元）			17557.80
	机械费（元）			—
名称		单位	单价（元）	消耗量
人工	综合工日	工日	140.00	21.700
材料	不锈钢螺钉	个	1.00	778.000
	发泡剂	支	13.02	15.000
	铝合金百叶	m²	160.00	101.500
	密封油膏	kg	6.50	53.000

工作内容：测量放线、钻孔、螺栓安装。　　　　计量单位：10个

定额编号				Z4-38	Z4-39
项目名称				化学螺栓	穿墙螺栓
基价（元）				73.38	94.13
其中	人工费（元）			21.00	23.80
	材料费（元）			52.38	70.33
	机械费（元）			—	—
名称		单位	单价(元)	消耗量	
人工	综合工日	工日	140.00	0.150	0.170
材料	镀锌穿墙螺栓	套	6.00	—	10.100
	合金钢钻头 ϕ14	个	5.50	0.720	0.860
	化学螺栓 ϕ12×160	套	4.20	10.100	—
	其他材料费	元	1.00	6.000	5.000

工作内容：测量放线、钻孔、截料、焊接安装。　　　　计量单位：100m

定额编号				Z4-40	Z4-41
项目名称				防雷系统	
				50×5mm扁钢	φ10圆钢
基价（元）				2478.03	1449.66
其中	人工费（元）			340.34	169.40
	材料费（元）			2035.74	1246.43
	机械费（元）			101.95	33.83
名称		单位	单价(元)	消耗量	
人工	综合工日	工日	140.00	2.431	1.210
材料	避雷铜带	套	17.50	47.600	47.600
	镀锌扁钢 -50×5	kg	4.90	222.600	—
	镀锌圆钢筋 φ10	kg	4.90	—	70.700
	其他材料费	元	1.00	112.000	67.000
机械	交流弧焊机 40kV·A	台班	108.03	0.900	0.300
	岩石切割机 3kW	台班	47.25	0.100	0.030

工作内容：测量放线、放样、板块制作、板块安装、铝板校正、注胶清理。　　计量单位：100m²

定额编号				Z4-42	Z4-43
项目名称				幕墙内	
				铝板衬板	镀锌钢板衬板
基价（元）				21139.05	8012.65
其中	人工费（元）			2066.40	1904.00
	材料费（元）			19012.65	6048.65
	机械费（元）			60.00	60.00
名称		单位	单价（元）	消耗量	
人工	综合工日	工日	140.00	14.760	13.600
材料	镀锌钢板 δ1.5	m²	56.00	—	106.000
	铝单板 2.0厚	m²	180.00	105.000	—
	铝铆钉	个	0.04	2066.330	2066.330
	其他材料费	元	1.00	30.000	30.000
机械	其他机械费	元	1.00	60.000	60.000

工作内容：1.清理基层、切割石材、钻孔成槽、安螺栓、挂石材线条；
　　　　　2.打胶勾缝、刷胶打蜡、清理净面。

计量单位：100m

定额编号				Z4-44	Z4-45
项目名称				石材装饰线	
				干挂(mm)	
				200以内	500以内
基价（元）				8208.04	15070.81
其中	人工费（元）			2282.00	3433.92
	材料费（元）			5906.08	11608.24
	机械费（元）			19.96	28.65
名称		单位	单价(元)	消耗量	
人工	综合工日	工日	140.00	16.300	24.528
材料	AB胶	kg	25.00	8.000	16.000
	不锈钢挂件	套	4.00	228.890	228.890
	不锈钢螺栓组 M8×30	套	1.55	228.890	228.890
	硅酮耐候密封胶 590mL	支	30.00	10.000	12.000
	石材装饰线 200mm以内	m	38.46	103.000	—
	石材装饰线 500mm以内	m	90.50	—	103.000
	石料切割锯片	片	39.00	0.980	1.400
	云石胶	kg	7.00	2.200	4.400
	其他材料费	元	1.00	120.740	171.000
机械	砂轮切割机 350mm	台班	22.38	0.892	1.280

工作内容：骨架制安刷防锈漆、填防火岩棉、封防火胶泥、安装镀锌板等。　　　　计量单位：100m

定额编号				Z4-46
项目名称				幕墙与建筑物封边(300以内金属板收口)
基价(元)				6530.52
其中	人工费(元)			1700.16
	材料费(元)			4614.08
	机械费(元)			216.28
名称		单位	单价(元)	消耗量
人工	综合工日	工日	140.00	12.144
材料	电焊条	kg	5.98	6.000
	镀锌钢板 δ1.5	m²	56.00	31.500
	镀锌钢骨架	kg	4.90	419.000
	防火胶泥	kg	5.00	25.000
	防火岩棉 容量80kg/m³	m³	300.00	1.575
	合金钢钻头 Φ12	个	3.90	4.000
	膨胀螺栓 M8×80	套	0.30	160.000
	其他材料费	元	1.00	100.000
机械	交流弧焊机 32kV·A	台班	83.14	2.000
	其他机械费	元	1.00	50.000

工作内容：封防火胶泥、打密封胶、清理等。　　　　计量单位：100m

定额编号				Z4-47
项目名称				幕墙与建筑物边四周收口打胶
基价（元）				**1197.80**
其中	人工费（元）			232.40
	材料费（元）			965.40
	机械费（元）			—
名称		**单位**	**单价（元）**	**消耗量**
人工	综合工日	工日	140.00	1.660
材料	1.2厚专用美纹纸	m	0.15	212.000
	硅酮耐候密封胶 590mL	支	30.00	28.000
	泡沫棒 φ8	m	0.60	106.000
	其他材料费	元	1.00	30.000

第五章　门窗工程

说　　明

1. 木门窗框、扇料与设计不同时，木材用量应按设计用量加 6%的损耗按实调整。

2. 设计门窗有艺术造型及特殊要求时，其制作、安装应按设计文件要求另行处理。

3. 购入成品安装的门窗单价中，已包括玻璃和一般五金配件的价格以及安装人工，特殊五金和安装人工应按“门、窗五金配件安装”相应项目执行。

工程量计算规则

1. 成品门窗安装，按设计图示洞口尺寸以面积计算。

2. 卷闸门按设计图示卷帘门宽度乘以卷帘门高度（包括卷帘箱高度）以面积计算。电动装置、活动小门安装按设计图示数量计算，小门面积不扣除。

3. 防盗门、防盗窗、不锈钢格栅门按设计图示尺寸以框外围面积计算。

4. 成品防火门按设计图示尺寸以框外围面积计算。

5. 实木门框制作、安装按设计图示尺寸以延长米计算。实木门扇、木工板门扇制作、安装按设计图示扇外围面积计算。成品套装木门、装饰门扇安装按设计图示数量计算。

6. 不锈钢板包门框、包门扇、软包门扇、门窗套设计图示尺寸以展开面积计算。

7. 无框全玻门、固定无框玻璃窗按设计图示尺寸以面积计算。

8. 窗台板按设计图示尺寸以面积计算；石材倒角、磨边、复合边费用另计。

9. 电子感应门及旋转门按定额尺寸以设计图示数量计算。

10. 不锈钢电动伸缩门按设计图示尺寸以展开面积计算。

11. 门窗贴脸、窗帘盒、窗帘轨及罗马杆按按设计图示尺寸以延长米计算。

12. 布艺窗帘、上卷窗帘、百叶帘按成活后展开面积计算。

一、成品门窗安装

工作内容：现场搬运、安装框扇、校正、安装玻璃及五金配件、周边塞口打胶、清扫等。

计量单位：10m²

定额编号				Z5-1	Z5-2	Z5-3
项目名称				成品地弹门	成品平开门	成品推拉门
				安装		
基价（元）				4907.27	5096.34	4621.54
其中	人工费（元）			288.40	231.00	254.80
	材料费（元）			4609.12	4855.72	4357.14
	机械费（元）			9.75	9.62	9.60
名称		单位	单价(元)	消耗量		
人工	综合工日	工日	140.00	2.060	1.650	1.820
材料	成品地弹门	m²	400.00	9.600	—	—
	成品平开门	m²	496.00	—	9.600	—
	成品推拉门	m²	444.00	—	—	9.600
	地弹簧	副	134.62	5.000	—	—
	其他材料费	元	1.00	96.020	94.120	94.740
机械	其他机械费	元	1.00	9.750	9.620	9.600

工作内容：现场搬运、安装框扇、校正、安装玻璃及五金配件、周边塞口打胶、清扫等。

计量单位：10m²

定额编号				Z5-4	Z5-5	Z5-6
项目名称				成品推拉窗	成品平开窗	成品悬窗
				安装		
基价（元）				4579.82	4834.87	8903.96
其中	人工费（元）			215.60	246.40	254.80
	材料费（元）			4354.50	4566.50	8627.22
	机械费（元）			9.72	21.97	21.94
名称		单位	单价（元）	消耗量		
人工	综合工日	工日	140.00	1.540	1.760	1.820
材料	成品平开窗	m²	444.00	—	10.000	—
	成品推拉窗(含玻璃)	m²	444.00	9.600	—	—
	成品悬窗	m²	850.00	—	—	10.000
	其他材料费	元	1.00	92.100	126.500	127.220
机械	其他机械费	元	1.00	9.720	21.970	21.940

工作内容：现场搬运、安装框扇、校正、安装玻璃及五金配件、周边塞口打胶、清扫等。

计量单位：10m²

定额编号				Z5-7	Z5-8
项目名称				成品固定窗	成品百叶窗
				安装	
基价（元）				1801.39	2098.91
其中	人工费（元）			165.20	165.20
	材料费（元）			1620.50	1918.02
	机械费（元）			15.69	15.69
名称		单位	单价(元)	消耗量	
人工	综合工日	工日	140.00	1.180	1.180
材料	成品百叶窗	m²	180.00	—	10.000
	成品固定窗	m²	150.00	10.000	—
	其他材料费	元	1.00	120.500	118.020
机械	其他机械费	元	1.00	15.690	15.690

二、卷闸门安装

工作内容：安装导槽、端板及支撑、卷轴及门片、附件、门锁、调试全部操作过程。　计量单位：见表

定额编号				Z5-9	Z5-10	Z5-11
项目名称				卷闸门安装	卷闸门安装	
					电动装置	活动小门增加费
单位				10m²	套	扇
基价（元）				**1399.50**	**1450.40**	**170.40**
其中	人工费（元）			168.00	50.40	50.40
	材料费（元）			1205.50	1400.00	120.00
	机械费（元）			26.00	—	—
名称		**单位**	**单价（元）**	**消耗量**		
人工	综合工日	工日	140.00	1.200	0.360	0.360
材料	卷闸门	m²	120.00	10.000	—	—
	卷闸门电动装置	套	1400.00	—	1.000	—
	卷闸门活动小门增加费	扇	120.00	—	—	1.000
	其他材料费	元	1.00	5.500	—	—
机械	其他机械费	元	1.00	26.000	—	—

三、防盗门窗安装

工作内容：1.门安装：校正门框扇、凿洞、安装门窗、塞缝等全部操作过程；
2.窗安装：现场搬运、安装框扇、校正、安装玻璃及五金配件，周边塞口、清扫等。

计量单位：10m²

定额编号				Z5-12	Z5-13	Z5-14
项目名称				防盗门	防盗窗	格栅门
				安装		
基价（元）				6268.99	1385.63	2477.77
其中	人工费（元）			229.60	165.76	232.40
	材料费（元）			6036.00	1215.27	2239.48
	机械费（元）			3.39	4.60	5.89
名称		单位	单价(元)	消耗量		
人工	综合工日	工日	140.00	1.640	1.184	1.660
材料	防盗窗	m²	120.00	—	10.000	—
	防盗门	m²	600.00	10.000	—	—
	格栅门	m²	220.00	—	—	10.000
	铁件	kg	4.19	—	—	3.100
	其他材料费	元	1.00	36.000	15.270	26.490
机械	其他机械费	元	1.00	3.390	4.600	5.890

四、防火门窗、防火卷帘门安装

工作内容：1.门洞修整、凿洞、成品防火门安装、周边塞缝等；
2.卷帘门、支架、导槽、附件安装、试开等全部操作过程。

计量单位：10m²

定额编号				Z5-15	Z5-16	Z5-17
项目名称				防火门		防火卷帘门
				钢质	木质	
基价（元）				4805.00	4227.70	4720.45
其中	人工费（元）			316.40	364.00	170.80
	材料费（元）			4483.40	3858.60	4513.80
	机械费（元）			5.20	5.10	35.85
名称		单位	单价(元)	消耗量		
人工	综合工日	工日	140.00	2.260	2.600	1.220
材料	防火卷帘门	m²	450.00	—	—	10.000
	钢质防火门(成品)	m²	446.59	10.000	—	—
	木质防火门(成品)	m²	384.00	—	10.000	—
	其他材料费	元	1.00	17.500	18.600	13.800
机械	其他机械费	元	1.00	5.200	5.100	35.850

工作内容：1.门洞修整、凿洞、成品防火门安装、周边塞缝等；
2.卷帘门、支架、导槽、附件安装、试开等全部操作过程。　　　　计量单位：见表

定　额　编　号				Z5-18	Z5-19
项　目　名　称				防火卷帘门电动装置	防火窗
单　位				套	10m²
基　价（元）				**1550.40**	**5247.50**
其中	人　工　费（元）			50.40	207.20
	材　料　费（元）			1500.00	5025.60
	机　械　费（元）			—	14.70
名　称		**单位**	**单价（元）**	**消　耗　量**	
人工	综合工日	工日	140.00	0.360	1.480
材料	防火窗	m²	500.00	—	10.000
	防火卷帘门电动装置	套	1500.00	1.000	—
	其他材料费	元	1.00	—	25.600
机械	其他机械费	元	1.00	—	14.700

五、门框、门扇制作安装

工作内容：门框、门扇制作安装等全部操作过程。　　计量单位：10m

定额编号				Z5-20
项目名称				实木门框
基价（元）				245.58
其中	人工费（元）			86.80
	材料费（元）			157.98
	机械费（元）			0.80
名称		单位	单价(元)	消耗量
人工	综合工日	工日	140.00	0.620
材料	工程用材	m³	2250.00	0.066
	铁钉	kg	3.56	0.500
	其他材料费	元	1.00	7.700
机械	其他机械费	元	1.00	0.800

工作内容：门框、门扇制作安装等全部操作过程。　　　　计量单位：10m²

定额编号					Z5-21	Z5-22	Z5-23
项目名称					细木工板上贴饰面板门扇	实木门扇(网格式)	
						镶板半玻	全玻
基价(元)					2375.64	1848.21	2293.44
其中	人工费(元)				784.00	642.60	705.60
	材料费(元)				1561.64	1203.11	1585.14
	机械费(元)				30.00	2.50	2.70
名称		单位	单价(元)		消耗量		
人工	综合工日	工日	140.00		5.600	4.590	5.040
材料	白乳胶	kg	5.38		6.800	0.700	0.700
	不锈钢合页	个	10.00		10.100	10.100	10.100
	工程用材	m³	2250.00		—	0.310	0.340
	门吸	只	10.00		5.050	5.050	5.050
	磨砂玻璃 5	m²	55.00		—	3.000	5.700
	实木封边条	m	2.21		30.690	—	—
	饰面板	m²	18.00		21.300	—	—
	铁钉	kg	3.56		2.000	1.800	1.500
	万能胶	kg	18.00		7.300	—	—
	细木工板 18mm	m²	38.46		19.860	—	—
	线条(压坡线)	m	3.86		—	40.300	80.900
	其他材料费	元	1.00		20.000	23.380	33.760
机械	其他机械费	元	1.00		30.000	2.500	2.700

工作内容：清理基层、粘贴金属面(软包面)层、清理净面等全部操作过程。　　计量单位：10m²

定额编号				Z5-24	Z5-25
项目名称				门扇上包	
				不锈钢面	软包面
基价（元）				2514.30	920.90
其中	人工费（元）			309.40	212.80
	材料费（元）			2174.90	678.10
	机械费（元）			30.00	30.00
名称		单位	单价(元)	消耗量	
人工	综合工日	工日	140.00	2.210	1.520
材料	不锈钢板 304系列 1.2mm厚	m²	200.00	10.600	—
	海绵 δ20	m²	16.00	—	10.500
	人造革	m²	35.00	—	11.500
	万能胶	kg	18.00	2.800	3.200
	其他材料费	元	1.00	4.500	50.000
机械	其他机械费	元	1.00	30.000	30.000

工作内容：尺寸测量、现场搬运、安装、校正、安装五金配件、周边塞口打胶、清扫等。 计量单位：樘

定额编号					Z5-26	Z5-27
项目名称					成品套装木门	
					单开	双开
基价（元）					893.02	1369.75
其中	人工费（元）				67.20	93.10
	材料费（元）				824.62	1275.15
	机械费（元）				1.20	1.50
名称			单位	单价(元)	消耗量	
人工	综合工日		工日	140.00	0.480	0.665
材料	1.2厚专用美纹纸		m	0.15	20.000	24.000
	玻璃胶 310mL		支	7.80	0.500	0.540
	不锈钢合页		个	10.00	2.020	4.040
	不锈钢门吸		只	8.00	1.010	2.020
	成品套装木门(单开)		樘	780.00	1.000	—
	成品套装木门(双开)		樘	1200.00	—	1.000
	聚氨酯泡沫填充剂 750mL		支	28.00	0.230	0.260
	其他材料费		元	1.00	3.000	3.500
机械	其他机械费		元	1.00	1.200	1.500

工作内容：门扇安装等全部操作过程。 计量单位：扇

定额编号				Z5-28
项目名称				装饰门扇安装
基价（元）				567.18
其中	人工费（元）			36.40
	材料费（元）			529.78
	机械费（元）			1.00
名称		单位	单价(元)	消耗量
人工	综合工日	工日	140.00	0.260
材料	不锈钢合页	个	10.00	2.020
	不锈钢门吸	只	8.00	1.010
	实木装饰门扇(成品)	扇	500.00	1.000
	其他材料费	元	1.00	1.500
机械	其他机械费	元	1.00	1.000

六、电子感应自动门、旋转门及电动伸缩门

工作内容：测量、定位、安装、调试等全部操作过程。　　　　计量单位：樘

定额编号				Z5-29	Z5-30
项目名称				电子感应自动门玻璃门	全玻旋转门
基价（元）				3542.10	31334.60
其中	人工费（元）			392.00	1232.00
	材料费（元）			3144.60	30102.60
	机械费（元）			5.50	—
名称		单位	单价(元)	消耗量	
人工	综合工日	工日	140.00	2.800	8.800
材料	玻璃胶 310mL	支	7.80	7.000	—
	全玻旋转门 含玻璃、转轴全套	樘	30000.00	—	1.000
	自动门(含固定扇) 2.0×2.4	樘	3000.00	1.000	—
	其他材料费	元	1.00	90.000	102.600
机械	其他机械费	元	1.00	5.500	—

工作内容：测量、定位、安装、调试等全部操作过程。　　计量单位：套

定额编号				**Z5-31**
项目名称				电磁感应装置
基　　价（元）				**5108.20**
其中	人工费（元）			56.00
	材料费（元）			5052.20
	机械费（元）			—
名称		**单位**	**单价(元)**	**消耗量**
人工	综合工日	工日	140.00	0.400
材料	电磁感应装置	套	5050.00	1.000
	其他材料费	元	1.00	2.200

工作内容：定位、划线、安轨道、门、电动装置安装、调试等全部工作内容。　　　　计量单位：10m²

定额编号				Z5-32
项目名称				电动伸缩门
基价（元）				8694.00
其中	人工费（元）			182.00
	材料费（元）			8509.50
	机械费（元）			2.50
名称		单位	单价(元)	消耗量
人工	综合工日	工日	140.00	1.300
材料	不锈钢电动伸缩门	m²	850.00	10.000
	其他材料费	元	1.00	9.500
机械	其他机械费	元	1.00	2.500

工作内容：定位、划线、安轨道、门、电动装置安装、调试等全部工作内容。　　计量单位：套

定额编号				Z5-33
项目名称				电动伸缩门电动装置
基价（元）				3088.60
其中	人工费（元）			85.40
	材料费（元）			3003.20
	机械费（元）			—
名称		单位	单价(元)	消耗量
人工	综合工日	工日	140.00	0.610
材料	电动装置	套	3000.00	1.000
	其他材料费	元	1.00	3.200

七、不锈钢板门框、无框全玻门

工作内容：1.定位放线、安装龙骨、钉木基层、粘贴不锈钢板面层、清理等全部操作过程；
2.无框全玻门包括不锈钢门夹、拉手、地弹簧安装、周边塞口打胶、清扫等。

计量单位：10m²

定额编号				Z5-34	Z5-35	Z5-36	Z5-37
项目名称				不锈钢板包门框		无框全玻门	固定无框玻璃窗
				木龙骨	钢龙骨		
基价（元）				**3569.63**	**4377.02**	**3191.82**	**821.07**
其中	人工费（元）			588.00	644.00	400.40	151.20
	材料费（元）			2922.43	3623.02	2781.42	662.87
	机械费（元）			59.20	110.00	10.00	7.00
名称		单位	单价(元)	消耗量			
人工	综合工日	工日	140.00	4.200	4.600	2.860	1.080
材料	不锈钢板 304系列 1.2mm厚	m²	200.00	10.600	10.600	—	—
	不锈钢上下帮	m	65.00	—	—	6.800	—
	带帽螺丝	个	0.20	42.700	42.700	—	—
	地弹簧	副	134.62	—	—	6.300	—
	电焊条	kg	5.98	—	5.600	—	—
	镀锌钢骨架	kg	4.90	—	164.000	—	—
	防锈漆	kg	5.62	—	0.400	—	—
	钢化玻璃 δ12	m²	62.39	—	—	10.300	10.300
	高档门拉手	套	130.00	—	—	6.300	—
	工程用材	m³	2250.00	0.130	0.050	—	—
	万能胶	kg	18.00	3.000	3.000	—	—
	细木工板 18mm	m²	38.46	10.200	10.200	—	—
	预埋铁件	kg	3.60	6.100	14.500	—	—
	自攻螺丝	个	0.02	151.900	157.700	—	—
	其他材料费	元	1.00	30.100	41.000	29.700	20.250
机械	其他机械费	元	1.00	59.200	110.000	10.000	7.000

八、门窗套

工作内容：制作安装、剔砖打洞、下木砖、立木筋、起缝、装钉基层、贴面层、修边、清理等全部操作过程。

计量单位：10m²

定额编号				Z5-38	Z5-39	Z5-40
项目名称				门窗套		
				带木筋	不带木筋	门窗套面层
				木工板基层		
基价（元）				1125.36	905.49	388.40
其中	人工费（元）			308.00	266.00	159.60
	材料费（元）			807.36	631.49	225.80
	机械费（元）			10.00	8.00	3.00
名称		单位	单价（元）	消耗量		
人工	综合工日	工日	140.00	2.200	1.900	1.140
材料	F30气枪钉	盒	7.50	3.000	1.200	—
	白乳胶	kg	5.38	3.000	3.000	5.000
	工程用材	m³	2250.00	0.080	0.010	—
	饰面板	m²	18.00	—	—	11.000
	铁钉	kg	3.56	1.800	1.400	—
	细木工板 18mm	m²	38.46	14.800	14.800	—
	其他材料费	元	1.00	13.100	9.660	0.900
机械	其他机械费	元	1.00	10.000	8.000	3.000

注：小门企制安扣减木工板4.3m²，增加门企收口线条，人工不调整。

工作内容：1. 清理基层、找平、镶嵌、固定、预埋铁件、调运砂浆、灌浆、养护、插缝等全部操作过程。
2. 清理基层、安装、打胶收口等全部操作过程。
计量单位：见表

定额编号				Z5-41	Z5-42	Z5-43
项目名称				石材门套	门窗贴脸	木质门窗套(成品)
单位				$10m^2$	10m	
基价（元）				**2706.07**	**65.08**	**644.28**
其中	人工费（元）			386.40	26.60	54.60
	材料费（元）			2313.67	37.98	587.38
	机械费（元）			6.00	0.50	2.30
名称		单位	单价(元)	消耗量		
人工	综合工日	工日	140.00	2.760	0.190	0.390
材料	玻璃胶 310mL	支	7.80	4.000	0.420	0.420
	成品门窗套(含贴脸)	m	55.00	—	—	10.200
	电焊条	kg	5.98	0.200	—	—
	钢筋(综合)	kg	3.45	12.700	—	—
	聚氨酯泡沫填充剂 750mL	支	28.00	—	—	0.450
	木线条	m	2.60	—	10.600	—
	石材门套	m^2	200.00	10.200	—	—
	水泥砂浆 1∶2.5	m^3	274.23	0.430	—	—
	铁钉	kg	3.56	—	0.800	—
	铜丝 16号	kg	46.93	0.800	—	—
	云石胶	kg	7.00	3.000	—	—
	其他材料费	元	1.00	21.000	4.300	10.500
机械	其他机械费	元	1.00	6.000	0.500	2.300

注：成品木质门窗套按单边贴脸计算，如是双边贴脸，玻璃胶乘以系数2.0，人工乘以系数1.3。

九、窗台板

工作内容：1. 选料、制作、安装、剔砖打洞、下木砖、立木筋、起缝、对缝、安装基层和面层等全部操作过程；
2. 镶嵌、固定、养护、擦缝等全部操作过程。

计量单位：10m²

定额编号				Z5-44	Z5-45
项目名称				窗台板	
				木基层饰面板面层	石材
基价（元）				1208.23	1221.73
其中	人工费（元）			436.80	420.00
	材料费（元）			768.43	793.73
	机械费（元）			3.00	8.00
名称		单位	单价(元)	消耗量	
人工	综合工日	工日	140.00	3.120	3.000
材料	白乳胶	kg	5.38	3.800	—
	钉	kg	4.80	1.700	—
	工程用材	m³	2250.00	0.060	—
	石材板(综合)	m²	58.00	—	10.400
	石料切割锯片	片	39.00	—	0.270
	饰面板	m²	18.00	11.000	—
	细木工板 18mm	m²	38.46	10.500	—
	粘结剂	kg	2.88	—	50.000
	其他材料费	元	1.00	3.000	36.000
机械	其他机械费	元	1.00	3.000	8.000

注：石材窗台板宽度不足300mm时，综合工日按1工日/10m调整换算。

十、窗帘、窗帘盒、窗帘轨及罗马杆

工作内容：窗帘安装、就位等。　　计量单位：10m²

定额编号				Z5-46	Z5-47	Z5-48
项目名称				布艺窗帘	卷帘	百叶帘
基价（元）				**289.70**	**392.10**	**394.90**
其中	人工费（元）			25.20	19.60	22.40
	材料费（元）			264.50	372.50	372.50
	机械费（元）			—	—	—
名称		**单位**	**单价(元)**	**消耗量**		
人工	综合工日	工日	140.00	0.180	0.140	0.160
材料	窗帘(成品)	m²	25.00	10.500	—	—
	卷窗帘(成品)	m²	35.00	—	10.500	10.500
	其他材料费	元	1.00	2.000	5.000	5.000

工作内容：包括制作、安装、等全部操作过程。 计量单位：10m

定额编号				Z5-49	Z5-50	Z5-51
项目名称				窗帘盒		吊挂式暗式窗帘盒
				木基层	饰面板面板	
基价（元）				370.09	153.17	491.57
其中	人工费（元）			99.40	36.40	168.00
	材料费（元）			269.37	115.65	319.57
	机械费（元）			1.32	1.12	4.00
名称		单位	单价(元)	消耗量		
人工	综合工日	工日	140.00	0.710	0.260	1.200
材料	白乳胶	kg	5.38	—	1.780	1.800
	工程用材	m^3	2250.00	0.030	—	0.013
	合金钢钻头 φ10	个	2.80	0.069	—	0.690
	木收口线 30×8	m	1.80	—	10.500	—
	膨胀螺栓	套	0.58	11.000	—	—
	石膏板 9.5mm	m^2	9.50	—	—	4.500
	饰面板	m^2	18.00	—	4.700	—
	铁钉	kg	3.56	—	—	2.000
	细木工板 18mm	m^2	38.46	5.040	—	5.040
	其他材料费	元	1.00	1.460	2.570	35.000
机械	其他机械费	元	1.00	1.320	1.120	4.000

工作内容：配件制作、安装、固定，窗帘杆制作、安装固定等。　　计量单位：10m

定额编号				Z5-52	Z5-53
项目名称				窗帘轨单轨	窗帘轨双轨
基价（元）				143.60	277.40
其中	人工费（元）			22.40	35.00
	材料费（元）			121.20	242.40
	机械费（元）			—	—
名称		单位	单价(元)	消耗量	
人工	综合工日	工日	140.00	0.160	0.250
材料	窗帘轨 单轨	m	12.00	10.100	—
	窗帘轨 双轨	m	24.00	—	10.100

工作内容：配件制作、安装、固定，窗帘杆制作、安装固定等。　　计量单位：10m

定额编号				Z5-54	Z5-55
项目名称				罗马杆单杆	罗马杆双杆
基价（元）				132.10	185.10
其中	人工费（元）			21.00	33.60
	材料费（元）			111.10	151.50
	机械费（元）			—	—
名称		单位	单价(元)	消耗量	
人工	综合工日	工日	140.00	0.150	0.240
材料	罗马杆 单杆	m	11.00	10.100	—
	罗马杆 双杆	m	15.00	—	10.100

十一、五金安装

工作内容：定位、安装、调校、清扫等。　　　　计量单位：见表

定额编号				Z5-56	Z5-57
项目名称				吊装滑动门轨	L型执手杆锁
				安装	
单位				m	把
基价（元）				8.16	102.80
其中	人工费（元）			3.08	21.00
	材料费（元）			5.08	81.80
	机械费（元）			—	—
名称		单位	单价(元)	消耗量	
人工	综合工日	工日	140.00	0.022	0.150
材料	L型执手锁	把	80.00	—	1.010
	门滑轨	m	5.00	1.010	—
	其他材料费	元	1.00	0.030	1.000

工作内容：定位、安装、调校、清扫等。　　计量单位：把

定额编号				Z5-58	Z5-59
项目名称				球形锁	地锁
				安装	
基价（元）				61.45	65.95
其中	人工费（元）			15.40	9.80
	材料费（元）			46.05	56.15
	机械费（元）			—	—
名称		单位	单价(元)	消耗量	
人工	综合工日	工日	140.00	0.110	0.070
材料	不锈钢地锁	把	55.00	—	1.010
	球形锁	把	45.00	1.010	—
	其他材料费	元	1.00	0.600	0.600

工作内容：定位、安装、调校、清扫等。　　　　计量单位：只

定额编号				Z5-60	Z5-61	Z5-62
项目名称				插销		门眼(猫眼)
				明装	暗装	安装
基价（元）				6.91	13.82	13.23
其中	人工费（元）			3.08	7.56	4.90
	材料费（元）			3.83	6.26	8.33
	机械费（元）			—	—	—
名称		单位	单价(元)	消耗量		
人工	综合工日	工日	140.00	0.022	0.054	0.035
材料	插销(暗装)	副	6.00	—	1.010	—
	插销(明装)	副	3.00	1.010	—	—
	门眼(猫眼)	只	8.00	—	—	1.010
	其他材料费	元	1.00	0.800	0.200	0.250

工作内容：定位、安装、调校、清扫等。　　　　计量单位：副

定额编号				Z5-63	Z5-64	Z5-65
项目名称				防盗门扣安装	门吸安装	合页安装
基价（元）				**13.93**	**12.48**	**16.70**
其中	人工费（元）			5.04	4.20	6.30
	材料费（元）			8.89	8.28	10.40
	机械费（元）			—	—	—
名称		**单位**	**单价(元)**	**消耗量**		
人工	综合工日	工日	140.00	0.036	0.030	0.045
材料	不锈钢合页	个	10.00	—	—	1.010
	不锈钢门吸	只	8.00	—	1.010	—
	防盗门扣	副	8.55	1.010	—	—
	其他材料费	元	1.00	0.250	0.200	0.300

注：合页在不锈钢等金属面层上安装时，人工乘以系数1.5。

工作内容：定位、安装、调校、清扫等。　　　　计量单位：见表

定额编号				Z5-66	Z5-67	Z5-68
项目名称				高档门拉手	电子锁(磁卡锁)	门夹
				安装		
单位				副	把	个
基价（元）				**138.00**	**300.52**	**44.38**
其中	人工费（元）			6.30	36.12	3.78
	材料费（元）			131.70	264.40	40.60
	机械费（元）			—	—	—
名称		**单位**	**单价(元)**	**消耗量**		
人工	综合工日	工日	140.00	0.045	0.258	0.027
材料	电子锁(磁卡锁)	把	260.00	—	1.010	—
	高档门拉手	套	130.00	1.010	—	—
	上(下)门夹	个	40.00	—	—	1.010
	其他材料费	元	1.00	0.400	1.800	0.200

工作内容：定位、安装、调校、清扫等。　　　　计量单位：副

定额编号				Z5-69	Z5-70	Z5-71
项目名称				闭门器安装		地弹簧
				明装	暗装	安装
基价（元）				131.82	342.30	162.61
其中	人工费（元）			10.22	28.00	24.64
	材料费（元）			121.60	314.30	137.97
	机械费（元）			—	—	—
名称		单位	单价(元)	消耗量		
人工	综合工日	工日	140.00	0.073	0.200	0.176
材料	闭门器(暗装)	套	310.00	—	1.010	—
	闭门器(明装)	套	120.00	1.010	—	—
	地弹簧	副	134.62	—	—	1.010
	其他材料费	元	1.00	0.400	1.200	2.000

第六章　油漆、涂料、裱糊工程

说　明

1. 本定额中如无特殊说明，涂料、油漆工程均采用手工操作，实际施工操作方法不同时，均按本定额执行。

2. 油漆项目中，已包括钉眼刷防锈漆的工、料并综合了各种油漆的颜色，设计油漆颜色与定额不符时，均不调整。

3. 本定额已综合考虑了分色及门窗内、外分色的因素，如果需使用油漆做美术图案者，可按实计算。

4. 定额中规定的喷、涂刷的遍数，如与设计不同时，可按每增减一遍相应定额子目执行。

5. 定额中硝基漆项目，按照多组分硝基漆工艺制定，如使用水性白硝基漆工艺，需另行计算。

6. 色聚氨酯漆已经综合考虑不同色彩的因素，实际颜色不同时，均按本定额执行。

7. 本定额中木门油漆，是按照双面油漆考虑的。如采用单面油漆，按定额子目乘以系数 0.49 计算。

8. 本定额中金属面油漆，只包含一般除锈工序。如需喷砂除锈，套用相关子目另行计算。

9. 涂料定额是按常规品种编制的，设计用的品种与定额不符时，单价可以换算，其余不变。

工程量计算规则

一、楼地面、天棚面、墙、柱、梁面的喷（刷）涂料、抹灰面油漆及裱糊工程，均按楼地面、天棚面、墙、柱、梁面装饰工程相应的工程量计算规则的规定计算。

二、木材面油漆工程

各种木材面的油漆工程量按构件的工程量乘相应系数计算，其具体系数如下：

1.套用单层木门定额项目的系数：

项目名称	系 数	工程量计算规则
单层木门	1.00	按洞口面积计算
不包括门套的单层门扇	0.81	
凹凸线条几何图案造型单层木门	1.05	
木百叶门	1.50	
半玻百叶门	1.25	
厂库大门	1.30	

2.木扶手油漆工程项目系数：

项目名称	系数	工程量计算规则
木扶手（不带托板）	1.00	按延长米计算
木扶手（带托板）	2.60	
窗帘盒	2.04	
装饰线宽在 150mm 内	0.60	

3. 木材面油漆工程项目系数：

项目名称	系数	工程量计算规则
木板、胶合板天棚	1.00	长×宽
木方格吊顶	1.20	
木间壁、木隔断	1.90	
木栅栏、木栏杆	1.82	
零星木装修	1.10	展开面积

4. 木地板油漆工程项目系数：

项目名称	系数	工程量计算规则
木地板	1.00	长×宽
木楼梯（不包括底面）	2.30	水平投影面积

5. 橱、台、柜工程量按设计图示尺寸以展开面积计算。

6. 窗台板、筒子板（独立门、窗套），不论有无拼花图案和线条均按设计图示尺寸以展开面积计算。

三、金属面油漆工程

金属面油漆、涂料项目，按设计图示尺寸以展开面积或质量计算。按展开面积计算可直接执行相应的油漆子目，按质量计算需按构件的工程量乘相应系数计算再执行相应油漆子目。

金属面油漆工程项目系数（氟碳漆除外）：

项目名称	系数	工程量计算规则
钢屋架、天窗架、挡风架、屋架梁、支撑、檩条	1.00	质量（t）
墙架（空腹式）	0.50	
墙架（格板式）	0.82	
钢柱、吊车梁、花式梁、柱、空花构件	0.63	
操作台、平台、制动梁、钢梁车挡	0.71	
钢栅栏门、栏杆、窗栅	1.71	
钢爬梯	1.20	
轻型屋架	1.42	
踏步式钢扶梯	1.10	
零星铁件	1.30	

四、抹灰面油漆、涂料工程

1.抹灰面油漆、涂料按设计图示尺寸以喷（刷）面积计算。

2.槽型板底、混凝土折板、有梁板底、密肋梁板底、井字梁板底刷油漆、涂料按设计图示尺寸以展开面积计算。

抹灰面油漆、涂料工程系数：

项目名称		系数	工程量计算规则
混凝土花格窗、栏杆		2.00	长×宽
遮阳板、栏板		2.10	长×宽（高）
混凝土预制构件	屋架、天窗架	40 m²	每立方米构件
	柱、梁、支撑	12 m²	
	其　他	20 m²	

五、防火涂料工程

1. 隔断、护壁木龙骨按设计图示尺寸以正立面投影面积计算。

2. 柱木龙骨按设计图示尺寸以外围面积计算。

3. 天棚木龙骨按设计图示尺寸以投影面积计算。

4. 木地板中木龙骨按设计图示尺寸以地板面积计算。

六、裱糊工程

按设计图示尺寸以裱糊面积计算。

一、木材面油漆

1. 喷(刷)调和漆

工作内容：清扫、磨砂纸、刮腻子、刷底油、调和漆。　　　　计量单位：见表

定额编号				Z6-1	Z6-2	Z6-3
项目名称				木门	木材面	木扶手及线条
				底油一遍刮腻子、调和漆二遍		
单位				100m²		100m
基价（元）				**3901.57**	**1361.20**	**236.14**
其中	人工费（元）			3248.00	1036.00	168.00
	材料费（元）			653.57	325.20	68.14
	机械费（元）			—	—	—
名称		**单位**	**单价(元)**	**消耗量**		
人工	综合工日	工日	140.00	23.200	7.400	1.200
材料	白布(豆包布) 0.9m宽	m²	5.64	0.530	0.260	0.130
	催干剂	kg	9.46	1.030	0.520	0.430
	砂纸	张	0.47	42.000	21.000	4.000
	调和漆	kg	6.00	22.010	11.100	2.110
	无光调和漆	kg	12.82	24.960	12.580	2.390
	油漆腻子	kg	6.20	22.600	10.700	2.400
	油漆溶剂油	kg	2.62	11.040	5.620	1.250

工作内容：清扫、磨砂纸、刷底油、调和漆。　　计量单位：见表

定额编号				Z6-4	Z6-5	Z6-6
项目名称				木门	木材面	木扶手及线条
				调和漆		
				每增加一遍		
单位				100m²		100m
基价（元）				**1044.15**	**460.42**	**188.60**
其中	人工费（元）			714.00	294.00	156.80
	材料费（元）			330.15	166.42	31.80
	机械费（元）			—	—	—
名称		单位	单价(元)	消耗量		
人工	综合工日	工日	140.00	5.100	2.100	1.120
材料	催干剂	kg	9.46	0.430	0.220	0.040
	砂纸	张	0.47	6.000	3.000	1.000
	无光调和漆	kg	12.82	24.960	12.580	2.390
	油漆溶剂油	kg	2.62	1.250	0.630	0.120

2. 喷(刷)醇酸磁漆

工作内容：清扫、磨砂纸、刷底油、刮腻子、刷磁漆。　　　　计量单位：见表

定额编号				Z6-7	Z6-8	Z6-9
项目名称				木门	木材面	木扶手及线条
				底油一遍刮腻子、磁漆二遍		
单位				100m²		100m
基价（元）				3871.20	1320.55	239.41
其中	人工费（元）			3248.00	1036.00	177.80
	材料费（元）			623.20	284.55	61.61
	机械费（元）			—	—	—
名称		单位	单价(元)	消耗量		
人工	综合工日	工日	140.00	23.200	7.400	1.270
材料	白布(豆包布) 0.9m宽	m²	5.64	0.550	0.390	0.150
	醇酸磁漆	kg	10.70	39.910	20.120	3.820
	醇酸漆稀释剂	kg	11.97	4.320	2.170	0.410
	催干剂	kg	9.46	0.270	0.130	0.070
	腻子粉	kg	2.82	5.300	2.670	0.510
	砂纸	张	0.47	42.000	24.000	5.000
	油漆腻子	kg	6.20	13.610	1.790	1.340
	油漆溶剂油	kg	2.62	7.530	3.800	0.850

工作内容：清扫、磨砂纸、刷底油、刮腻子、刷磁漆。　　计量单位：100m²

定额编号				Z6-10
项目名称				木门
				磁漆
				每增加一遍
基价（元）				961.10
其中	人工费（元）			716.80
	材料费（元）			244.30
	机械费（元）			—
名称		单位	单价(元)	消耗量
人工	综合工日	工日	140.00	5.120
材料	醇酸磁漆	kg	10.70	18.910
	醇酸漆稀释剂	kg	11.97	3.270
	砂纸	张	0.47	6.000

工作内容：清扫、磨砂纸、刷底油、刷磁漆。　　计量单位：见表

定额编号				Z6-11	Z6-12
项目名称				木材面	木扶手及线条
				磁漆	
				每增加一遍	
单位				100m²	100m
基价（元）				**431.01**	**216.12**
其中	人工费（元）			308.00	180.60
	材料费（元）			123.01	35.52
	机械费（元）			—	—
名称		**单位**	**单价(元)**	**消耗量**	
人工	综合工日	工日	140.00	2.200	1.290
材料	醇酸磁漆	kg	10.70	9.530	1.810
	醇酸漆稀释剂	kg	11.97	1.640	1.310
	砂纸	张	0.47	3.000	1.000

3. 喷(刷)聚酯漆

工作内容：清扫、刷底油、刮腻子、磨砂纸、刷聚酯漆。　　　　　　　　　　　计量单位：见表

定额编号				Z6-13	Z6-14	Z6-15
项目名称				木门	木材面	木扶手及线条
				刷底油刮腻子、聚酯漆三遍		
单位				100m²		100m
基价（元）				7083.95	2932.67	535.98
其中	人工费（元）			3305.40	1050.00	180.60
	材料费（元）			3778.55	1882.67	355.38
	机械费（元）			—	—	—
名称		单位	单价(元)	消耗量		
人工	综合工日	工日	140.00	23.610	7.500	1.290
材料	PU固化剂	kg	28.00	33.200	16.600	3.154
	PU聚酯漆	kg	22.00	60.600	30.000	5.700
	PU稀释剂	kg	12.00	76.000	38.000	7.220
	白布(豆包布) 0.9m宽	m²	5.64	0.530	0.265	0.050
	封闭底漆	kg	12.00	16.000	8.000	1.520
	棉纱头	kg	6.00	3.600	1.800	—
	腻子	kg	12.82	28.000	14.000	2.646
	砂纸	张	0.47	60.000	30.000	5.500

工作内容：清扫、刷底油、刮腻子、磨砂纸、刷聚酯漆。　　计量单位：100m²

定额编号				Z6-16
项目名称				木门
				聚酯漆
				每增加一遍
基价（元）				1688.00
其中	人工费（元）			728.00
	材料费（元）			960.00
	机械费（元）			—
名称		单位	单价(元)	消耗量
人工	综合工日	工日	140.00	5.200
材料	PU固化剂	kg	28.00	10.000
	PU聚酯漆	kg	22.00	20.000
	PU稀释剂	kg	12.00	20.000

工作内容：清扫、刷底油、磨砂纸、刷聚酯漆。　　　　计量单位：见表

定额编号				Z6-17	Z6-18
项目名称				聚酯漆 每增加一遍 木材面	聚酯漆 每增加一遍 木扶手及线条
单位				100m²	100m
基价（元）				833.40	271.80
其中	人工费（元）			323.40	180.60
	材料费（元）			510.00	91.20
	机械费（元）			—	—
名称		单位	单价(元)	消耗量	
人工	综合工日	工日	140.00	2.310	1.290
材料	PU固化剂	kg	28.00	10.000	0.950
	PU聚酯漆	kg	22.00	5.000	1.900
	PU稀释剂	kg	12.00	—	1.900
	封闭底漆	kg	12.00	10.000	—

4. 喷(刷)硝基清漆

工作内容：清扫、润油粉、刮腻子、磨砂纸、刷硝基清漆。　　　　计量单位：见表

定额编号				Z6-19	Z6-20	Z6-21
项目名称				木门	木材面	木扶手及线条
				硝基清漆		
				两底两面		
单位				100m²		100m
基价（元）				5551.87	2136.29	615.47
其中	人工费（元）			3220.00	1022.00	168.00
	材料费（元）			2331.87	1114.29	447.47
	机械费（元）			—	—	—
名称		单位	单价(元)	消耗量		
人工	综合工日	工日	140.00	23.000	7.300	1.200
材料	砂纸	张	0.47	84.000	42.000	8.000
	硝基底漆	kg	25.00	22.210	10.210	4.250
	硝基底漆稀释剂	kg	13.00	6.100	2.920	1.260
	硝基面漆	kg	25.00	60.170	29.170	11.680
	硝基面漆稀释剂	kg	13.00	5.430	2.430	1.020
	其他材料费	元	1.00	83.000	40.500	15.820

工作内容：清扫、润油粉、刮腻子、磨砂纸、刷硝基清漆。

计量单位：100㎡

定额编号				Z6-22
项目名称				木门 硝基清漆 每增加一遍
基价（元）				1510.96
其中	人工费（元）			714.00
	材料费（元）			796.96
	机械费（元）			—
名称		单位	单价(元)	消耗量
人工	综合工日	工日	140.00	5.100
材料	硝基面漆	kg	25.00	30.080
	硝基面漆稀释剂	kg	13.00	2.720
	其他材料费	元	1.00	9.600

工作内容：清扫、磨砂纸、刷硝基清漆。　　　　计量单位：见表

定额编号				Z6-23	Z6-24
项目名称				木材面	木扶手及线条
				硝基清漆	
				每增加一遍	
单位				$100m^2$	100m
基价（元）				**692.70**	**320.15**
其中	人工费（元）			308.00	166.60
	材料费（元）			384.70	153.55
	机械费（元）			—	—
名称		**单位**	**单价(元)**	**消耗量**	
人工	综合工日	工日	140.00	2.200	1.190
材料	硝基面漆	kg	25.00	14.560	5.840
	硝基面漆稀释剂	kg	13.00	1.220	0.510
	其他材料费	元	1.00	4.840	0.920

5. 涂刷防火涂料

工作内容：清扫、刷防火涂料。　　　　　　　　　　　　　　　　　　计量单位：100m²

定额编号				Z6-25	Z6-26
项目名称				木材面 刷防火涂料二遍	木龙骨 防火涂料二遍
基价（元）				1210.61	1409.86
其中	人工费（元）			505.40	597.80
	材料费（元）			705.21	812.06
	机械费（元）			—	—
名称		单位	单价(元)	消耗量	
人工	综合工日	工日	140.00	3.610	4.270
材料	防火涂料	kg	21.37	33.000	38.000

6. 涂刷地板漆

工作内容：清扫、磨砂纸、刮腻子、油色、刷地板漆。　　　　计量单位：100m²

定额编号				Z6-27	Z6-28
项目名称				木地板油漆	
				刷底油满刮腻子、油色地板漆二遍	地板漆
					每增加一遍
基价（元）				2609.27	837.35
其中	人工费（元）			2042.60	575.40
	材料费（元）			566.67	261.95
	机械费（元）			—	—
名称		单位	单价(元)	消耗量	
人工	综合工日	工日	140.00	14.590	4.110
材料	白布(豆包布) 0.9m宽	m²	5.64	0.070	—
	催干剂	kg	9.46	0.120	—
	地板漆	kg	35.00	14.590	7.295
	腻子	kg	12.82	0.730	—
	腻子粉	kg	2.82	8.210	—
	砂纸	张	0.47	18.000	—
	油漆溶剂油	kg	2.62	5.160	2.530

二、金属面油漆

工作内容：清扫、喷(刷)调和漆。　　　　计量单位：见表

定额编号				Z6-29	Z6-30
项目名称				金属板面	金属构件
				调和漆二遍	
单位				100m²	t
基价（元）				608.63	288.67
其中	人工费（元）			457.80	246.40
	材料费（元）			150.83	42.27
	机械费（元）			—	—
名称		单位	单价(元)	消耗量	
人工	综合工日	工日	140.00	3.270	1.760
材料	白布(豆包布) 0.9m宽	m²	5.64	0.140	0.030
	催干剂	kg	9.46	0.410	0.110
	砂纸	张	0.47	11.000	3.000
	调和漆	kg	6.00	22.460	6.320
	油漆溶剂油	kg	2.62	2.380	0.660

工作内容：清扫、喷(刷)调和漆。　　计量单位：见表

定额编号				Z6-31	Z6-32
项目名称				金属板面	金属构件
				调和漆	
				每增加一遍	
单位				100m²	t
基价（元）				**469.91**	**137.61**
其中	人工费（元）			394.80	116.20
	材料费（元）			75.11	21.41
	机械费（元）			—	—
名称		**单位**	**单价(元)**	**消耗量**	
人工	综合工日	工日	140.00	2.820	0.830
材料	白布(豆包布) 0.9m宽	m²	5.64	0.070	0.010
	催干剂	kg	9.46	0.200	0.060
	砂纸	张	0.47	5.000	2.000
	调和漆	kg	6.00	11.230	3.160
	油漆溶剂油	kg	2.62	1.180	0.340

工作内容：清扫、喷(刷)醇酸磁漆。　　　　计量单位：见表

定额编号					Z6-33	Z6-34
项目名称					金属板面	金属构件
					醇酸磁漆二遍	
单位					100m²	t
基价（元）					**693.67**	**253.62**
其中	人工费（元）				434.00	180.60
	材料费（元）				259.67	73.02
	机械费（元）				—	—
名称			**单位**	**单价(元)**	**消耗量**	
人工	综合工日		工日	140.00	3.100	1.290
材料	白布(豆包布) 0.9m宽		m²	5.64	0.180	0.030
	醇酸磁漆		kg	10.70	21.140	5.950
	醇酸漆稀释剂		kg	11.97	2.280	0.650
	砂纸		张	0.47	11.000	3.000

工作内容：清扫、喷(刷)醇酸磁漆。　　　　计量单位：见表

定额编号				Z6-35	Z6-36
项目名称				金属板面	金属构件
				醇酸磁漆	
				每增加一遍	
单位				100m²	t
基价（元）				**608.28**	**186.57**
其中	人工费（元）			478.80	149.80
	材料费（元）			129.48	36.77
	机械费（元）			—	—
名称		**单位**	**单价(元)**	**消耗量**	
人工	综合工日	工日	140.00	3.420	1.070
材料	白布(豆包布) 0.9m宽	m²	5.64	0.090	0.020
	醇酸磁漆	kg	10.70	10.570	2.980
	醇酸漆稀释剂	kg	11.97	1.130	0.320
	砂纸	张	0.47	5.000	2.000

工作内容：清理基层，涂防锈底漆，专用底漆，中间漆一遍，喷涂面漆二遍等。　　计量单位：100m²

定额编号				Z6-37
项目名称				金属面 氟碳漆、中间漆一遍、底漆二遍、面漆一遍
基价（元）				5066.92
其中	人工费（元）			3092.60
	材料费（元）			1834.32
	机械费（元）			140.00
名称		单位	单价(元)	消耗量
人工	综合工日	工日	140.00	22.090
材料	氟碳漆底漆稀释剂	kg	10.26	0.770
	氟碳漆面漆稀释剂	kg	18.00	0.770
	氟碳漆腻子	kg	10.26	1.290
	环氧富锌底漆	kg	18.80	25.750
	环氧富锌底漆稀释剂	kg	10.68	1.290
	金属氟碳漆面漆	kg	61.54	12.880
	金属氟碳漆中间漆	kg	38.00	12.880
	其他材料费	元	1.00	19.370
机械	其他机械费	元	1.00	140.000

工作内容：清理基层，喷涂面漆等。　　　　　　　　　　　　　　　　　　　　　　　计量单位：100㎡

定额编号				Z6-38
项目名称				金属面
				氟碳漆
				每增减一遍
基价（元）				1746.75
其中	人工费（元）			932.40
	材料费（元）			814.35
	机械费（元）			—
名称		单位	单价(元)	消耗量
人工	综合工日	工日	140.00	6.660
材料	氟碳漆面漆稀释剂	kg	18.00	0.770
	金属氟碳漆面漆	kg	61.54	12.880
	其他材料费	元	1.00	7.850

工作内容：清扫、喷(刷)防锈漆。　　　　计量单位：见表

定额编号				Z6-39	Z6-40
项目名称				金属板面	金属构件
				红丹防锈漆一遍	
单位				100m²	t
基价（元）				**327.61**	**210.53**
其中	人工费（元）			296.80	126.00
	材料费（元）			30.81	84.53
	机械费（元）			—	—
名称		**单位**	**单价(元)**	**消耗量**	
人工	综合工日	工日	140.00	2.120	0.900
材料	红丹防锈漆	kg	11.50	1.652	4.650
	砂布	张	1.03	2.700	8.000
	油漆溶剂油	kg	2.62	0.172	0.480
	其他材料费	元	1.00	8.580	21.560

工作内容：清扫、喷(刷)银粉漆。　　　　　　　　　　　　　　　　　　　　计量单位：见表

定额编号				Z6-41	Z6-42
项目名称				金属板面	金属构件
				银粉漆二遍	
单位				100m²	t
基价（元）				**496.10**	**314.51**
其中	人工费（元）			439.60	176.40
	材料费（元）			56.50	138.11
	机械费（元）			—	—
名称		**单位**	**单价(元)**	**消耗量**	
人工	综合工日	工日	140.00	3.140	1.260
材料	白布(豆包布) 0.9m宽	m²	5.64	0.016	0.030
	催干剂	kg	9.46	0.066	0.190
	清油	kg	9.70	1.034	2.910
	砂纸	张	0.47	0.800	2.000
	银粉	kg	51.28	0.255	0.720
	油漆溶剂油	kg	2.62	2.758	7.760
	其他材料费	元	1.00	25.080	49.720

三、环氧地坪漆

工作内容：基层处理、打磨、底漆施工、中漆施工、面漆批涂、清理。　　　　计量单位：100m²

定额编号				Z6-43	Z6-44
项目名称				1mm厚	5mm无溶剂自流平
				环氧地坪	
基价（元）				4093.24	10593.52
其中	人工费（元）			651.00	935.20
	材料费（元）			3407.24	9563.32
	机械费（元）			35.00	95.00
名称		单位	单价（元）	消耗量	
人工	综合工日	工日	140.00	4.650	6.680
材料	封底层环氧底漆（一遍）	kg	28.00	14.000	14.000
	钢纸磨片	片	6.78	12.000	25.000
	环氧耐磨层面漆	kg	28.00	12.000	—
	环氧清漆	kg	25.00	30.000	115.000
	环氧稀胶泥	kg	19.25	—	176.000
	色粉	kg	7.91	5.000	5.000
	砂纸	张	0.47	4.000	6.000
	稀释剂	kg	9.53	3.300	3.300
	自流平环氧砂浆（二遍）	kg	25.00	70.000	—
	自流平环氧砂浆（四遍）	kg	25.00	—	105.000
	其他材料费	元	1.00	25.000	40.000
机械	其他机械费	元	1.00	35.000	95.000

四、抹灰面油漆、涂料

工作内容：清扫、配浆、刮腻子、磨砂纸等。　　　　计量单位：100m²

定额编号				Z6-45	Z6-46
项目名称				内墙满批腻子	
				二遍	每增减一遍
基价（元）				762.67	248.92
其中	人工费（元）			592.06	183.82
	材料费（元）			152.61	59.10
	机械费（元）			18.00	6.00
名称		单位	单价(元)	消耗量	
人工	综合工日	工日	140.00	4.229	1.313
材料	108胶	kg	2.00	1.000	—
	耐水腻子	kg	0.80	148.470	63.630
	砂纸	张	0.47	25.000	—
	石膏	kg	0.50	4.000	—
	其他材料费	元	1.00	18.080	8.200
机械	其他机械费	元	1.00	18.000	6.000

工作内容：清扫、配浆、刮腻子、磨砂纸等。　　　　　　　　　　　　　　　　　　计量单位：100m²

定额编号					Z6-47
项目名称					外墙满批腻子
					二遍
基价（元）					997.87
其中	人工费（元）				636.02
	材料费（元）				337.85
	机械费（元）				24.00
名称		单位	单价(元)		消耗量
人工	综合工日	工日	140.00		4.543
材料	108胶	kg	2.00		50.000
	抗裂砂浆	kg	1.20		25.000
	砂纸	张	0.47		25.000
	外墙腻子	kg	1.20		150.000
	其他材料费	元	1.00		16.100
机械	其他机械费	元	1.00		24.000

工作内容：清扫、喷(刷)乳胶漆等。

计量单位：100m²

定额编号					Z6-48	Z6-49	Z6-50
项目名称					室内腻子面		
					乳胶漆		
					底漆一遍	面漆二遍	每增减一遍
基价(元)					224.82	477.68	242.90
其中	人工费(元)				71.82	128.38	64.96
	材料费(元)				153.00	349.30	177.94
	机械费(元)				—	—	—
名称		单位	单价(元)		消耗量		
人工	综合工日	工日	140.00		0.513	0.917	0.464
材料	内墙乳胶漆底漆	kg	12.00		12.750	—	—
	乳胶漆面漆	kg	14.00		—	24.950	12.710

工作内容：基层清理、喷(刷)乳胶漆等。

计量单位：100m²

定额编号				Z6-51	Z6-52	Z6-53	Z6-54
项目名称				外墙乳胶漆二遍			外墙罩面清漆一遍
				清水砖墙	抹灰面外墙	腻子面外墙	
基价（元）				1351.00	1301.87	1237.87	320.60
其中	人工费（元）			344.40	320.60	306.60	82.60
	材料费（元）			1004.60	979.27	929.27	236.00
	机械费（元）			2.00	2.00	2.00	2.00
名称		单位	单价(元)	消耗量			
人工	综合工日	工日	140.00	2.460	2.290	2.190	0.590
材料	色粉	kg	7.91	—	3.400	3.400	—
	外墙弹性乳胶漆	kg	25.00	40.000	38.000	36.000	—
	罩面清漆	kg	20.00	—	—	—	11.500
	其他材料费	元	1.00	4.600	2.380	2.380	6.000
机械	其他机械费	元	1.00	2.000	2.000	2.000	2.000

注：1. 毛面弹性乳胶漆含量乘以系数1.18；
2. 罩面清漆在毛面涂料上含量乘以系数1.2，人工乘以系数1.07。

工作内容：清理基层、找补、弹分隔线、贴胶带、批刮砂浆、喷涂底漆、滚涂面漆两遍、擦缝、清理。

计量单位：100m²

定额编号				Z6-55	Z6-56	Z6-57
项目名称				外墙装饰砂浆(光面)		
				0.9～2m²	0.4～0.9m²	0.1～0.4m²
基价（元）				4285.13	4473.33	4682.48
其中	人工费（元）			1155.00	1276.80	1449.00
	材料费（元）			3101.13	3163.53	3187.48
	机械费（元）			29.00	33.00	46.00
名称		单位	单价(元)	消耗量		
人工	综合工日	工日	140.00	8.250	9.120	10.350
材料	1.2厚专用美纹纸	m	0.15	26.000	402.000	515.000
	弹性乳胶漆	kg	26.00	38.000	38.000	38.000
	封闭底漆	kg	12.00	9.360	9.360	9.360
	抗裂砂浆	kg	1.20	50.000	50.000	50.000
	装饰砂浆	kg	4.80	397.690	397.690	397.690
	其他材料费	元	1.00	28.000	34.000	41.000
机械	其他机械费	元	1.00	29.000	33.000	46.000

注：在毛面、颗粒面砂浆面层上底漆含量乘以系数1.5，弹性乳胶漆含量乘以系数1.2，人工乘以系数1.07。

工作内容：清理基层、找补、刷底漆、弹分隔线、贴胶带、批刮砂浆、喷涂底漆、滚涂面漆两遍、擦缝、清理。

计量单位：100m²

定额编号				Z6-58	Z6-59	Z6-60
项目名称				外墙装饰砂浆		
				0.1m²以内	0.05m²以内	0.015m²以内
基价（元）				4902.73	5260.73	5902.83
其中	人工费（元）			1636.60	1932.00	2464.00
	材料费（元）			3218.13	3278.73	3375.83
	机械费（元）			48.00	50.00	63.00
名称		单位	单价(元)	消耗量		
人工	综合工日	工日	140.00	11.690	13.800	17.600
材料	1.2厚专用美纹纸	m	0.15	685.980	1030.000	1624.000
	弹性乳胶漆	kg	26.00	38.000	38.000	38.000
	封闭底漆	kg	12.00	9.360	9.360	9.360
	抗裂砂浆	kg	1.20	50.000	50.000	50.000
	装饰砂浆	kg	4.80	397.690	397.690	397.690
	其他材料费	元	1.00	46.000	55.000	63.000
机械	其他机械费	元	1.00	48.000	50.000	63.000

工作内容：清理基层、找补、刷底漆、分格批涂真石漆、喷涂底漆和面漆、擦缝等。　计量单位：100m²

定额编号				Z6-61	Z6-62	Z6-63
项目名称				外墙真石漆		
				1m²以外	0.3～1m²以内	0.3m²以内 仿砖面
基价（元）				**5751.33**	**6283.75**	**6864.08**
其中	人工费（元）			856.80	1233.40	1904.00
	材料费（元）			4867.53	5010.35	4915.08
	机械费（元）			27.00	40.00	45.00
名称		**单位**	**单价(元)**	**消耗量**		
人工	综合工日	工日	140.00	6.120	8.810	13.600
材料	1.2厚专用美纹纸	m	0.15	260.000	420.000	497.000
	108胶	kg	2.00	12.000	12.000	12.000
	保护面清漆二遍	kg	20.00	25.000	25.000	25.000
	封闭底漆	kg	12.00	15.000	15.000	15.000
	抗裂砂浆	kg	1.20	50.000	50.000	50.000
	石英漆	kg	10.16	397.690	397.690	397.690
	松木成材	m³	1435.27	—	0.080	—
	其他材料费	元	1.00	24.000	28.000	36.000
机械	其他机械费	元	1.00	27.000	40.000	45.000

工作内容：清扫、刮腻子、贴网、刷底漆、刷中漆、面漆等。　　计量单位：100m²

定额编号				Z6-64	Z6-65
项目名称				氟碳漆二遍	
				水性	金属油性
基价（元）				7466.05	8549.49
其中	人工费（元）			4124.40	5670.00
	材料费（元）			3295.65	2814.49
	机械费（元）			46.00	65.00
名称		单位	单价(元)	消耗量	
人工	综合工日	工日	140.00	29.460	40.500
材料	玻纤网 一遍	m²	1.40	103.000	103.000
	玻纤网专用腻子(二遍)	kg	1.25	125.000	125.000
	氟碳漆(双组份)(二遍)	kg	75.00	25.000	—
	氟碳漆(双组份)底漆(一遍)	kg	38.00	12.500	—
	氟碳漆底漆稀释剂	kg	10.26	—	0.770
	氟碳漆面漆稀释剂	kg	18.00	—	0.770
	干粉腻子(细质)	kg	1.28	180.000	—
	金属氟碳漆面漆 一遍	kg	61..54	—	12.880
	金属氟碳漆中间漆 一遍	kg	38.00	—	12.880
	抗裂柔性腻子	kg	3.24	120.000	—
	树脂透明封闭底漆	kg	25.00	—	20.000
	油性抛光腻子	kg	3.24	—	180.000
	其他材料费	元	1.00	26.000	127.000
机械	其他机械费	元	1.00	46.000	65.000

五、裱糊

工作内容：1.清扫、找补、刷底油、刮腻子、磨砂纸、配制贴面材料、裱糊刷胶；
2.裁墙纸(布)、贴装饰面等。

计量单位：100m²

定额编号				Z6-66	Z6-67	Z6-68	Z6-69
项目名称				墙、柱面贴装饰		天棚面贴装饰	
				墙纸、壁布			
				对花	不对花	对花	不对花
基价（元）				**2640.82**	**2451.20**	**2774.62**	**2559.80**
其中	人工费（元）			421.40	336.00	539.00	428.40
	材料费（元）			2219.42	2115.20	2235.62	2131.40
	机械费（元）			—	—	—	—
名称		**单位**	**单价(元)**	**消耗量**			
人工	综合工日	工日	140.00	3.010	2.400	3.850	3.060
材料	PU聚酯漆	kg	22.00	0.050	0.050	0.050	0.050
	基膜	kg	10.50	5.500	5.500	6.600	6.600
	墙纸	m²	18.00	115.790	110.000	115.790	110.000
	墙纸胶粉	kg	50.00	0.927	0.927	1.020	1.020
	其他材料费	元	1.00	30.000	30.000	30.000	30.000

六、基层处理

工作内容：1. 板面点防锈漆、杀缝、胀缝、贴纸；
2. 清扫、滚涂、刷清油。

计量单位：见表

定额编号				Z6-70	Z6-71	Z6-72
项目名称				天棚板缝	墙面板缝	内墙防潮
				贴自粘胶带		清油封底
单位				100m		100m²
基价（元）				**260.56**	**226.68**	**188.69**
其中	人工费（元）			172.20	144.20	64.40
	材料费（元）			88.36	82.48	122.29
	机械费（元）			—	—	2.00
名称		**单位**	**单价(元)**	**消**	**耗**	**量**
人工	综合工日	工日	140.00	1.230	1.030	0.460
材料	防锈漆	kg	5.62	0.800	0.530	—
	接缝纸带	m	0.18	105.000	105.000	—
	嵌缝粉	kg	1.56	37.800	35.000	—
	清油	kg	9.70	—	—	10.430
	油性涂料配套稀释剂	kg	8.00	—	—	1.890
	其他材料费	元	1.00	6.000	6.000	6.000
机械	其他机械费	元	1.00	—	—	2.000

第七章　脚手架工程

说　明

1. 外墙装饰面层和幕墙应利用土建单位已搭设的外脚手架，如土建单位未搭设而由装饰单位自行搭设时，可按装饰工程外脚手架相应定额执行。实际装饰单位未搭设脚手架则不应计取外脚手架费用。

2. 单独搭设幕墙和外墙局部装饰面层的外脚手架，按相应定额子目乘以系数 0.8。

3. 高度在 3.6m 以内的墙、柱（梁）、天棚面装饰所需的脚手架搭、拆人工和脚手架材料摊销费已包括在相应定额中，高度超过 3.6m 的墙、柱（梁）、天棚面装饰，可以计算装饰脚手架。挑脚手架适用于外檐、挑檐等部位的局部装饰。悬空脚手架适用于有露明屋架的屋面板勾缝、油漆或喷浆等部位。

4. 室内天棚装饰面距设计室内地坪 3.6m 以上时，应计算满堂脚手架，但柱、梁、墙面的装饰不再计算装饰脚手架。

5. 天棚、柱、梁、墙面只做油漆、喷（刷）涂料，高度超过 3.6m 时，应按满堂、装饰脚手架相应定额子目乘以系数 0.4。

6. 建筑物室内天棚面层净高在 3.6m 内，吊筋与楼层的连接点高度超过 3.6m 时，应按满堂脚手架相应定额乘以系数 0.2。

7. 垂直运输费是指建筑物内、外装饰垂直运输所需的费用。

8. 超高增加费指装饰高度超过 20m 所增加的人工、机具降效费用。

工程量计算规则

一、外装饰脚手架计算规则

1.外墙装饰面层、幕墙脚手架按其外边线长度，乘以室外地坪至装饰面顶端高度以面积计算，不扣除门窗、洞口、车辆通道以及原有装饰面层所占的面积。

2.吊篮脚手架按其装饰面的投影面积计算。不扣除门窗洞口所占面积。

3.同一建筑物装饰高度不同时，按不同高度分别计算工程量。

二、室内装饰脚手架计算规则

1.装饰脚手架

室内柱面、梁面、墙面装饰高度超过3.6m时，按以下规定计算装饰脚手架：

⑴梁面、墙面按设计室内地坪或楼板上表面至楼板底之间的高度，乘以梁、墙净长以面积计算。

⑵柱面按图示结构外围周长另加3.6m乘以高度以面积计算。

⑶上述所指长度、高度均为装饰面的长度、高度。

(4)如满堂脚手架可以利用时，不再计算墙、柱、梁面装饰脚手架。

2.满堂脚手架

满堂脚手架按天棚装饰面水平投影面积计算，不扣除柱、墙垛所占的面积。其高度在3.6～5.2m时，计算基本层，超过5.2m时，每增加1.2m按增加一层计算，不足0.6m的不计一层。

3. 挑脚手架按搭设长度计算。

4.悬空脚手架按搭设水平投影面积计算。

三、垂直运输费

建筑物檐口高度超过3.6m时，内外装、垂直运输费按人工费之和乘以下表系数。

垂直运输费分段系数：

计算基础	垂直运输高度m			
	50以内	100以内	150以内	200以内
人工费	0.05	0.06	0.07	0.08

四、超高增加费

装饰工程其装饰高度（层数）超过20m(6层)以上部分的超高增加费，按装饰段的人工费之和，乘以下表中的系数。

超高增加费分段降效系数：

计算基础	装饰高度 m			
	20～50	20～100	20～150	20～200
人工费	0.05	0.06	0.07	0.08

一、外装饰脚手架

工作内容：1.搭拆脚手架、上料平台、密目网、翻(拆)脚手板；
　　　　　2.拆除后的材料堆放、场内运输及管件防锈漆保养。

计量单位：100m²

定额编号				Z7-1	Z7-2
项目名称				竹制双排架	
				15m以内	20m以内
基价（元）				**968.15**	**1188.52**
其中	人工费（元）			660.80	837.76
	材料费（元）			268.09	304.96
	机械费（元）			39.26	45.80
名称		单位	单价(元)	消耗量	
人工	综合工日	工日	140.00	4.720	5.984
材料	垫木	m³	2350.00	0.004	0.005
	镀锌铁丝 12号	kg	3.57	3.204	3.204
	镀锌铁丝 8号	kg	3.57	15.960	—
	缆风绳	kg	3.70	—	15.960
	密目网 围护	m²	6.84	10.119	11.844
	竹笆	m²	8.55	6.714	7.860
	竹脚手杆 φ90	根	5.13	12.408	14.523
机械	载重汽车 4t	台班	408.97	0.096	0.112

工作内容：1.搭拆脚手架、上料平台、密目网、翻(拆)脚手板；
2.拆除后的材料堆放、场内运输及管件防锈漆保养。

计量单位：100m²

定额编号				Z7-3	Z7-4	Z7-5	Z7-6
项目名称				钢管脚手架			
				15m以内	20m以内	30m以内	40m以内
基价（元）				1211.22	1443.28	1546.19	1707.53
其中	人工费（元）			824.32	990.08	1024.80	1128.96
	材料费（元）			350.91	410.67	472.31	526.22
	机械费（元）			35.99	42.53	49.08	52.35
名称		单位	单价(元)	消耗量			
人工	综合工日	工日	140.00	5.888	7.072	7.320	8.064
材料	垫木	m³	2350.00	0.004	0.005	0.005	0.006
	镀锌铁丝 12号	kg	3.57	1.743	1.827	2.013	2.115
	防锈漆	kg	5.62	1.326	1.551	1.786	1.990
	钢管 DN50	kg	4.43	32.863	38.465	44.084	49.086
	钢扣件	kg	5.70	7.590	8.877	10.173	11.331
	花篮螺丝 300	套	25.00	—	—	0.126	0.126
	缆风绳	kg	3.70	—	—	0.144	0.162
	密目网 围护	m²	6.84	10.119	11.844	13.569	15.114
	油漆溶剂油	kg	2.62	0.151	0.177	0.204	0.225
	竹笆	m²	8.55	8.115	9.498	10.881	12.120
机械	载重汽车 4t	台班	408.97	0.088	0.104	0.120	0.128

工作内容：1.搭拆脚手架、上料平台、密目网、翻(拆)脚手板；
2.拆除后的材料堆放、场内运输及管件防锈漆保养。

计量单位：100m²

定额编号				Z7-7	Z7-8	Z7-9	Z7-10
项目名称				钢管脚手架			
				50m以内	60m以内	70m以内	80m以内
基价（元）				2003.31	2088.63	2283.69	2378.51
其中	人工费（元）			1316.00	1344.00	1460.48	1487.36
	材料费（元）			627.03	681.08	751.12	813.19
	机械费（元）			60.28	63.55	72.09	77.96
名称		单位	单价(元)	消耗量			
人工	综合工日	工日	140.00	9.400	9.600	10.432	10.624
材料	电焊条	kg	5.98	0.018	0.012	0.024	0.021
	垫木	m³	2350.00	0.007	0.004	0.003	0.003
	镀锌铁丝 12号	kg	3.57	2.178	2.238	2.301	2.361
	防锈漆	kg	5.62	2.255	2.511	2.715	2.982
	钢管 DN50	kg	4.43	55.775	62.128	67.148	73.837
	钢扣件	kg	5.70	12.876	14.343	15.501	17.046
	花篮螺丝 300	套	25.00	0.273	0.243	0.327	0.225
	缆风绳	kg	3.70	0.681	0.657	1.065	1.032
	密目网 围护	m²	6.84	17.175	19.131	20.676	22.737
	型钢	kg	3.70	3.932	3.585	6.686	6.247
	油漆溶剂油	kg	2.62	0.257	0.286	0.310	0.339
	预埋铁件	kg	3.60	2.706	2.214	3.825	3.249
	竹笆	m²	8.55	13.773	15.342	16.581	18.234
机械	交流弧焊机 32kV·A	台班	83.14	0.056	0.056	0.080	0.072
	载重汽车 4t	台班	408.97	0.136	0.144	0.160	0.176

工作内容：1. 搭拆脚手架、上料平台、密目网、翻(拆)脚手板；
2. 拆除后的材料堆放、场内运输及管件防锈漆保养。

计量单位：100m²

定额编号				Z7-11	Z7-12	Z7-13	Z7-14
项目名称				钢管脚手架			
				90m以内	100m以内	110m以内	120m以内
基价（元）				2492.19	2585.54	2763.03	2909.15
其中	人工费（元）			1529.92	1570.24	1643.04	1733.76
	材料费（元）			879.70	926.85	1025.00	1073.86
	机械费（元）			82.57	88.45	94.99	101.53
名称		单位	单价(元)	消耗量			
人工	综合工日	工日	140.00	10.928	11.216	11.736	12.384
材料	电焊条	kg	5.98	0.030	0.027	0.033	0.030
	垫木	m³	2350.00	0.003	0.003	0.003	0.003
	镀锌铁丝 12号	kg	3.57	2.424	2.484	2.547	2.610
	防锈漆	kg	5.62	3.186	3.389	3.720	3.924
	钢管 DN50	kg	4.43	78.854	83.870	91.980	97.000
	钢扣件	kg	5.70	17.759	18.886	20.714	21.841
	花篮螺丝 300	套	25.00	0.351	0.327	0.369	0.354
	缆风绳	kg	3.70	1.371	1.329	1.701	1.689
	密目网 围护	m²	6.84	24.282	25.827	28.326	29.871
	型钢	kg	3.70	8.801	8.354	11.079	10.865
	油漆溶剂油	kg	2.62	0.362	0.386	0.423	0.447
	预埋铁件	kg	3.60	4.284	3.825	4.623	4.299
	竹笆	m²	8.55	19.473	20.712	22.713	23.952
机械	交流弧焊机 32kV·A	台班	83.14	0.088	0.080	0.080	0.080
	载重汽车 4t	台班	408.97	0.184	0.200	0.216	0.232

工作内容：1.搭拆脚手架、上料平台、密目网、翻(拆)脚手板；
2.拆除后的材料堆放、场内运输及管件防锈漆保养。

计量单位：100m²

定额编号				Z7-15	Z7-16	Z7-17	Z7-18
项目名称				钢管脚手架			
				130m以内	140m以内	150m以内	160m以内
基价（元）				3133.57	3261.37	3432.26	3518.32
其中	人工费（元）			1886.08	1957.76	2060.80	2083.20
	材料费（元）			1138.75	1188.99	1249.63	1313.29
	机械费（元）			108.74	114.62	121.83	121.83
名称		单位	单价(元)	消耗量			
人工	综合工日	工日	140.00	13.472	13.984	14.720	14.880
材料	电焊条	kg	5.98	0.033	0.030	0.033	0.033
	垫木	m³	2350.00	0.002	0.003	0.002	0.002
	镀锌铁丝 12号	kg	3.57	2.670	2.733	2.775	2.775
	防锈漆	kg	5.62	4.125	4.329	4.522	4.789
	钢管 DN50	kg	4.43	102.017	107.033	112.050	118.488
	钢扣件	kg	5.70	23.553	24.708	25.869	27.354
	花篮螺丝 300	套	25.00	0.390	0.366	0.396	0.378
	缆风绳	kg	3.70	1.992	1.959	2.247	2.253
	密目网 围护	m²	6.84	31.416	32.961	34.506	36.489
	型钢	kg	3.70	13.124	12.738	14.884	14.752
	油漆溶剂油	kg	2.62	0.468	0.492	0.513	0.545
	预埋铁件	kg	3.60	4.938	4.566	5.100	4.779
	竹笆	m²	8.55	25.191	26.430	27.669	29.259
机械	交流弧焊机 32kV·A	台班	83.14	0.088	0.080	0.088	0.088
	载重汽车 4t	台班	408.97	0.248	0.264	0.280	0.280

工作内容：1.搭拆脚手架、上料平台、密目网、翻(拆)脚手板；
2.拆除后的材料堆放、场内运输及管件防锈漆保养。

计量单位：100m²

定额编号				Z7-19	Z7-20	Z7-21	Z7-22
项目名称				钢管脚手架			
				170m以内	180m以内	190m以内	200m以内
基价（元）				**3609.65**	**3687.66**	**3788.27**	**3876.82**
其中	人工费（元）			2105.60	2128.00	2161.60	2192.96
	材料费（元）			1376.34	1424.75	1485.88	1535.86
	机械费（元）			127.71	134.91	140.79	148.00
名称		单位	单价(元)	消耗量			
人工	综合工日	工日	140.00	15.040	15.200	15.440	15.664
材料	电焊条	kg	5.98	0.030	0.033	0.030	0.033
	垫木	m³	2350.00	0.002	0.002	0.002	0.002
	镀锌铁丝 12号	kg	3.57	2.820	2.880	2.775	2.985
	防锈漆	kg	5.62	4.993	5.194	5.398	5.602
	钢管 DN50	kg	4.43	123.507	128.524	133.541	138.558
	钢扣件	kg	5.70	28.512	29.670	30.828	31.989
	花篮螺丝 300	套	25.00	0.405	0.390	0.411	0.396
	缆风绳	kg	3.70	2.547	2.517	2.784	2.778
	密目网 围护	m²	6.84	38.034	39.579	41.124	42.669
	型钢	kg	3.70	16.961	16.593	18.591	18.400
	油漆溶剂油	kg	2.62	0.566	0.590	0.614	0.638
	预埋铁件	kg	3.60	5.271	4.953	5.346	5.097
	竹笆	m²	8.55	30.498	31.737	32.976	34.215
机械	交流弧焊机 32kV·A	台班	83.14	0.080	0.088	0.080	0.088
	载重汽车 4t	台班	408.97	0.296	0.312	0.328	0.344

工作内容：1.场内、场外材料搬运；
2.吊篮安装；
3.测试电动装置、安全锁、平衡控制器；
4.吊篮拆卸。

计量单位：100m²

定额编号				Z7-23
项目名称				外装饰吊篮
基价（元）				227.34
其中	人工费（元）			222.04
	材料费（元）			—
	机械费（元）			5.30
名称		单位	单价（元）	消耗量
人工	综合工日	工日	140.00	1.586
机械	电动吊篮 0.63t	台班	47.79	0.017
	载重汽车 6t	台班	448.55	0.010

二、内装饰脚手架

工作内容：1.场内、场外材料搬运；
2.搭、拆脚手架；
3.拆除脚手架后材料的堆放。

计量单位：100m²

定额编号				Z7-24	Z7-25
项目名称				满堂脚手架	
				基本层(3.6～5.2m)	增加层1.2m
基价（元）				1153.47	268.06
其中	人工费（元）			730.52	217.28
	材料费（元）			284.35	28.80
	机械费（元）			138.60	21.98
名称		单位	单价(元)	消耗量	
人工	综合工日	工日	140.00	5.218	1.552
材料	底座	个	5.13	0.150	—
	镀锌铁丝 8号	kg	3.57	29.335	—
	钢管 DN50	kg	4.43	12.237	4.079
	钢扣件	kg	5.70	3.422	1.141
	红丹防锈漆	kg	11.50	1.070	0.358
	木脚手板	m³	1307.59	0.063	—
	铁钉	kg	3.56	2.846	—
	油漆溶剂油	kg	2.62	0.122	0.042
机械	载重汽车 6t	台班	448.55	0.309	0.049

工作内容：1. 场内、场外材料搬运；
2. 搭、拆脚手架；
3. 拆除脚手架后材料的堆放。

计量单位：100m²

定额编号				Z7-26	Z7-27	Z7-28
项目名称				内墙、梁柱面装饰脚手架		
				3.6～6m	10m以内	20m以内
基价（元）				**361.02**	**385.43**	**548.25**
其中	人工费（元）			329.00	347.20	498.40
	材料费（元）			23.05	29.26	40.88
	机械费（元）			8.97	8.97	8.97
名称		**单位**	**单价(元)**	**消耗量**		
人工	综合工日	工日	140.00	2.350	2.480	3.560
材料	底座	个	5.13	0.060	0.040	0.020
	钢管 DN50	kg	4.43	1.567	2.501	4.651
	钢扣件	kg	5.70	0.132	0.504	0.864
	红丹防锈漆	kg	11.50	0.167	0.283	0.517
	木脚手板	m^3	1307.59	0.010	0.009	0.007
	油漆溶剂油	kg	2.62	0.018	0.032	0.057
机械	载重汽车 6t	台班	448.55	0.020	0.020	0.020

工作内容：1.场内、场外材料搬运；
2.搭、拆脚手架；
3.拆除脚手架后材料的堆放。

计量单位：见表

定额编号				Z7-29	Z7-30
项目名称				悬空脚手架	挑脚手架
单位				100m²	100m
基价（元）				**617.90**	**1820.64**
其中	人工费（元）			498.40	1666.56
	材料费（元）			37.86	68.86
	机械费（元）			81.64	85.22
名称		单位	单价(元)	消耗量	
人工	综合工日	工日	140.00	3.560	11.904
材料	镀锌铁丝 8号	kg	3.57	2.101	5.386
	钢管 DN50	kg	4.43	2.788	2.967
	钢扣件	kg	5.70	0.374	3.978
	红丹防锈漆	kg	11.50	0.240	0.290
	木脚手板	m³	1307.59	0.010	0.008
	油漆溶剂油	kg	2.62	0.017	0.008
机械	载重汽车 6t	台班	448.55	0.182	0.190

三、建筑物装饰垂直运输

工作内容：装饰工程在合理工期内完成全部工程项目所需要的垂直运输机械台班。　　　　计量单位：项

定额编号				Z7-31	Z7-32	Z7-33	Z7-34
项目名称				垂直运输高度(m)			
				50以内	100以内	150以内	200以内
基价（元）				—	—	—	—
其中	人工费（元）			—	—	—	—
	材料费（元）			—	—	—	—
	机械费（元）			—	—	—	—
名称		单位	单价(元)	消耗量			
人工	人工降效	%	—	5.000	6.000	7.000	8.000

四、超高降效

工作内容：1.工人上下班降低功效、垂直运输等影响的时间；
2.由于人工降效引起的机械降效。

计量单位：项

定额编号				Z7-35	Z7-36	Z7-37	Z7-38
项目名称				垂直运输高度(m)			
				20～50	20～100	20～150	20～200
基价（元）				—	—	—	—
其中	人工费（元）			—	—	—	—
	材料费（元）			—	—	—	—
	机械费（元）			—	—	—	—
名称		单位	单价(元)	消耗量			
人工	人工降效	%	—	5.000	6.000	7.000	8.000

第八章　其他工程

说　　明

1. 本章定额项目在实际施工中使用的材料品种、规格与定额取定不同时，可以换算，但人工、机械含量不变。

2. 本章定额中铁件已包括刷防锈漆一遍，如设计需涂刷油漆、防火涂料等可套用相应定额子目。

3. 柜类均为成品板材安装，柜体封边条、抽屉工程量已包含在柜体安装内，设计使用材料与定额含量不同时，可以按设计文件调整。

4. 石材面洗漱台设计钢骨架含量与定额含量不同时，可以按设计文件调整。

5. 装饰线条

（1）装饰线均以成品安装考虑。

（2）石材装饰线条磨边、磨圆角均包括在成品的单价中，不再另计。

（3）装饰线条以墙面上直线安装为准，如天棚安装直线型、圆弧型或其他图案者，按以下规定计算：

①天棚面安装直线装饰线条人工乘以系数 1.34。

②天棚面安装圆弧装饰线条人工以 1.6，材料乘以系数 1.1。

③墙面安装圆弧装饰线条人工乘以系数 1.2，材料乘以系数 1.1。

④装饰线条做艺术图案者，人工乘以系数 1.8，材料乘以系数 1.1。

6. 成品铜嵌条安装是指在完成饰面上开槽安装的装饰线。

7. 采用钢架挂贴 GRC 装饰线条时，钢架部分另套用其他相应子目。

8. 灯箱、招牌

（1）附墙式灯箱是指直接安装在建筑物表面、厚度在 300mm 以内；悬挂式灯箱是指突出安装在建筑物表面、厚度在 500mm 左右；直立式灯箱是指与建筑物有一定距离。

（2）灯箱、招牌的灯饰均不包括在本章定额内。突出灯箱、招牌表面的徽标及其他艺术装潢等均不包括在本章定额内，需另行计算。

（3）灯箱、招牌、牌面板项目均不含美术字的制作，美术字可按相关子目另计。

9. 美术字安装

（1）美术字不分字体，均执行本章定额，以成品安装固定计价。

（2）发光成品美术字中已包含 LED 灯串。

10. 本章所列成品保护是指对已做好的项目面层上覆盖保护层；保护层材料不同时，不得换算；实际施工中未覆盖时，不得计算成品保护。

11. 石材磨边、磨斜边、磨半圆边及台面开孔子目均为现场磨制。台下盆台面开孔已包括磨边工程量。

12. 旗杆

（1）旗杆高度按旗杆台座上表面至杆顶的高度（包括球珠）计算，旗杆不锈钢管规格、长度与定额不同时可以换算，人工、机械含量不变。

（2）旗杆基础或台座、避雷装置、电动升降系统、风动系统等按相应定额子目另行计算。

工程量计算规则

1. 成品板柜体安装、成品柜门安装按设计图示尺寸以立面投影面积计算；柜体贴饰面板按设计图示尺寸以实贴面积计算；抽屉按设计图示数量计算人工增加费。

2. 镜面玻璃安装按设计图示尺寸以正立面面积计算。

3. 石材面洗漱台按设计图示尺寸以台面展开面积计算，不扣除孔洞、挖弯、削角所占面积。

4. 残疾人台盆不锈钢扶手、残疾人坐便器不锈钢扶手、毛巾环、卫生纸盒、肥皂盒、金属帘子杆、浴缸拉手、毛巾杆安装按设计图示数量计算。

5. GRC 装饰条挂贴按设计图示尺寸以展开面积计算，其余装饰线条均按设计图示尺寸以延长米计算。

6. 灯箱龙骨按设计图示尺寸以质量计算。

7. 灯箱基层、面层按设计图示尺寸以展开面积计算。

8. 成品美术字最大外围矩形面积在 1 m²以内者，按“个”计算；最大外围矩形面积在 1 m²以上者，按最大外围矩形面积计算。

9. 石材磨边按延长米计算。

10. 台面开孔、开洞按设计图示数量计算。

11. 不锈钢旗杆按设计图示数量计算。

12. 成品保护按被保护面积计算，楼梯、台阶按水平投影面积计算。

一、柜类

工作内容：下料、刨光、划线、成型、柜体安装、抽屉制作、封边线、清理等全部操作过程。

计量单位：10m²

定额编号				Z8-1
项目名称				柜体成品板
基价（元）				2925.83
其中	人工费（元）			882.00
	材料费（元）			2018.83
	机械费（元）			25.00
名称		单位	单价(元)	消耗量
人工	综合工日	工日	140.00	6.300
材料	白乳胶	kg	5.38	1.540
	封口条	m	0.80	65.000
	柜体板	m²	52.00	34.500
	十二厘板	m²	25.00	5.800
	圆钉	kg	5.13	1.860
	其他材料费	元	1.00	10.000
机械	其他机械费	元	1.00	25.000

工作内容：下料、刨光、划线、涂胶、贴装饰面层、清理等。　　　　计量单位：10m²

定额编号				Z8-2
项目名称				柜体贴饰面板
基价（元）				376.34
其中	人工费（元）			149.80
	材料费（元）			224.54
	机械费（元）			2.00
名称		单位	单价(元)	消耗量
人工	综合工日	工日	140.00	1.070
材料	白乳胶	kg	5.38	3.800
	饰面板	m²	18.00	11.200
	其他材料费	元	1.00	2.500
机械	其他机械费	元	1.00	2.000

工作内容：下料、刨光、划线、成型、安装、清理。　　　　计量单位：10个

定额编号				Z8-3
项目名称				柜体抽屉制作人工增加费
基价（元）				**280.00**
其中	人工费（元）			280.00
	材料费（元）			—
	机械费（元）			—
名称		**单位**	**单价(元)**	**消耗量**
人工	综合工日	工日	140.00	2.000

工作内容：划线、搬运、定位、安装门扇、校正、周边塞口、清扫等。　　计量单位：10m²

定额编号				Z8-4	Z8-5
项目名称				柜门安装	
				推拉门	平开门
				成品	
基价（元）				2280.60	2609.00
其中	人工费（元）			180.60	259.00
	材料费（元）			2100.00	2350.00
	机械费（元）			—	—
名称		单位	单价(元)	消耗量	
人工	综合工日	工日	140.00	1.290	1.850
材料	成品平开门(柜门)	m²	235.00	—	10.000
	成品推拉门(柜门)	m²	210.00	10.000	—

工作内容：放线、定位、打眼、安装、调试、清理。　　　　　　　　计量单位：见表

定额编号				Z8-6	Z8-7	Z8-8
项目名称				五金(柜子)		
				合页(柜子)	门导轨(推拉门)	轨道抽屉
单位				10个	10套	
基价（元）				**59.42**	**111.80**	**199.60**
其中	人工费（元）			28.00	70.00	98.00
	材料费（元）			31.42	41.80	101.60
	机械费（元）			—	—	—
名称		**单位**	**单价(元)**	**消耗量**		
人工	综合工日	工日	140.00	0.200	0.500	0.700
材料	抽屉导轨	根	10.00	—	—	10.000
	合页(柜子)	个	3.00	10.000	—	—
	木螺钉	个	0.02	71.000	90.000	80.000
	推拉门导轨	套	4.00	—	10.000	—

工作内容：放线、定位、打眼、安装、调试、清理。 计量单位：见表

定额编号				Z8-9	Z8-10	Z8-11
项目名称				五金		
				柜门拉手	碰珠	挂衣杆
单位				10个		10根
基价（元）				**136.80**	**48.20**	**257.20**
其中	人工费（元）			56.00	22.40	56.00
	材料费（元）			80.80	25.80	201.20
	机械费（元）			—	—	—
名称		**单位**	**单价(元)**	**消耗量**		
人工	综合工日	工日	140.00	0.400	0.160	0.400
材料	法兰座	个	2.00	—	—	20.000
	挂衣杆	根	16.00	—	—	10.000
	柜门拉手	个	8.00	10.000	—	—
	木螺钉	个	0.02	40.000	40.000	60.000
	碰珠	个	2.50	—	10.000	—

二、浴厕配件

工作内容：清理基层、弹线、墙面打眼、钉木楔、拧螺丝、安装镜面、清理。　　　　计量单位：10m²

定额编号				Z8-12
项目名称				镜面玻璃
				墙面安装无基层
基价（元）				1236.15
其中	人工费（元）			126.00
	材料费（元）			1108.15
	机械费（元）			2.00
名称		单位	单价(元)	消耗量
人工	综合工日	工日	140.00	0.900
材料	玻璃胶 310mL	支	7.80	8.000
	工程用材	m³	2250.00	0.010
	广告钉	只	2.00	40.000
	镜面车边玻璃(成品)	m²	90.00	10.300
	双面胶带	m	0.25	49.000
	其他材料费	元	1.00	4.000
机械	其他机械费	元	1.00	2.000

工作内容：准备、划线、下料、木筋制作安装、钉基层板、镜面玻璃安装、边框安装固定、嵌缝、清理等全部操作过程。

计量单位：10m²

定额编号				Z8-13
项目名称				镜面玻璃 带框有基层
基价（元）				2947.70
其中	人工费（元）			560.00
	材料费（元）			2383.19
	机械费（元）			4.51
名称		单位	单价(元)	消耗量
人工	综合工日	工日	140.00	4.000
材料	玻璃胶 310mL	支	7.80	3.000
	不锈钢边框 6cm	m	15.50	48.000
	防火涂料	kg	21.37	3.700
	工程用材	m³	2250.00	0.080
	镜面车边玻璃(成品)	m²	90.00	10.300
	木螺钉	个	0.02	215.000
	双面胶带	m	0.25	49.000
	铁钉	kg	3.56	1.500
	细木工板 18mm	m²	38.46	10.500
	其他材料费	元	1.00	4.000
机械	木工圆锯机 500mm	台班	25.33	0.020
	其他机械费	元	1.00	4.000

工作内容：准备、下料、加楔、铁件制作安装、刷防锈漆、面盆孔磨边、安装大理石面、嵌缝、清理等全部操作过程。

计量单位：10m²

定额编号				Z8-14
项目名称				石材面洗漱台
基价（元）				6003.45
其中	人工费（元）			1841.00
	材料费（元）			4138.95
	机械费（元）			23.50
	名称	单位	单价(元)	消耗量
人工	综合工日	工日	140.00	13.150
材料	玻璃胶 310mL	支	7.80	3.000
	大理石台面	m²	200.00	17.600
	电焊条	kg	5.98	6.370
	镀锌角钢	kg	2.25	210.000
	防锈漆	kg	5.62	0.690
	膨胀螺栓 M8×100	套	0.65	86.000
	油漆溶剂油	kg	2.62	0.070
	云石胶	kg	7.00	3.000
	其他材料费	元	1.00	4.000
机械	其他机械费	元	1.00	23.500

注：1. 大理石板按台面60cm宽，挡水板10cm高，挂板20cm高计算。台面尺寸不同时，按比例乘以系数1.08调整；
2. 铁件按设计用量调整。

工作内容：准备、定位、钻孔、加楔、拧螺丝、安装、固定、清理等全部操作过程。 计量单位：见表

定额编号				Z8-15	Z8-16	Z8-17	Z8-18
项目名称				不锈钢毛巾环	卫生纸盒	不锈钢	
						毛巾架	毛巾杆
单位				10个		10副	
基价（元）				**499.22**	**625.52**	**979.24**	**602.94**
其中	人工费（元）			42.00	67.20	126.00	92.40
	材料费（元）			456.22	556.32	849.24	507.54
	机械费（元）			1.00	2.00	4.00	3.00
名称		**单位**	**单价(元)**	**消耗量**			
人工	综合工日	工日	140.00	0.300	0.480	0.900	0.660
材料	不锈钢毛巾杆	副	50.09	—	—	—	10.100
	不锈钢毛巾环	个	45.13	10.100	—	—	—
	不锈钢毛巾架	副	83.76	—	—	10.100	—
	成品卫生纸盒	个	55.00	—	10.100	—	—
	木螺钉	个	0.02	20.400	40.800	163.200	81.600
机械	其他机械费	元	1.00	1.000	2.000	4.000	3.000

工作内容：准备、定位、钻孔、加楔、拧螺丝、安装、固定、清理等全部操作过程。　　计量单位：10副

定额编号				Z8-19	Z8-20
项目名称				浴缸拉手	金属帘子杆
基价（元）				**443.83**	**581.83**
其中	人工费（元）			75.60	92.40
	材料费（元）			365.23	486.43
	机械费（元）			3.00	3.00
名称		**单位**	**单价(元)**	**消耗量**	
人工	综合工日	工日	140.00	0.540	0.660
材料	不锈钢帘子杆	副	48.00	—	10.100
	木螺钉	个	0.02	81.600	81.600
	浴缸拉手	副	36.00	10.100	—
机械	其他机械费	元	1.00	3.000	3.000

工作内容：准备、划线、开孔、安装、固定、嵌缝、清理等全部操作过程。　　计量单位：10只

定额编号				Z8-21	Z8-22
项目名称				肥皂盒	
				明装式	嵌入式
基价（元）				410.11	527.95
其中	人工费（元）			53.20	133.00
	材料费（元）			353.91	392.95
	机械费（元）			3.00	2.00
名称		单位	单价(元)	消耗量	
人工	综合工日	工日	140.00	0.380	0.950
材料	白水泥	kg	0.78	—	1.550
	不锈钢肥皂盒	个	35.00	10.100	—
	肥皂盒(成品)	个	38.46	—	10.100
	木螺钉	个	0.02	20.400	—
	水泥砂浆 1∶2.5	m^3	274.23	—	0.012
机械	其他机械费	元	1.00	3.000	2.000

注：连体嵌入式(烘手机、手纸盒、肥皂盒三位一体）人工乘以系数3.0。

工作内容：准备、定位、钻孔、加楔、铁件安装、拧螺丝、固定、清理等全部操作过程。 计量单位：套

定额编号				Z8-23	Z8-24
项目名称				不锈钢扶手	
				残疾人台盆	残疾人坐便器
基价（元）				214.31	208.67
其中	人工费（元）			21.00	21.00
	材料费（元）			193.01	187.52
	机械费（元）			0.30	0.15
名称		单位	单价(元)	消耗量	
人工	综合工日	工日	140.00	0.150	0.150
材料	不锈钢焊条	kg	38.46	0.100	0.050
	残疾人台盆不锈钢扶手	套	180.00	1.010	—
	残疾人坐便器不锈钢扶手	套	180.00	—	1.010
	螺栓 M8	个	0.32	6.000	4.000
	铁件	kg	4.19	1.300	0.600
机械	其他机械费	元	1.00	0.300	0.150

三、装饰线

1. 金属装饰线

工作内容：定位、弹线、下料、加楔、涂胶、安装、固定等全部操作过程。　　计量单位：10m

定额编号				Z8-25	Z8-26	Z8-27
项目名称				金属装饰条		
				压条	阴阳角线	凹槽线
基价（元）				68.32	99.09	110.61
其中	人工费（元）			15.40	19.60	19.60
	材料费（元）			51.17	77.49	89.01
	机械费（元）			1.75	2.00	2.00
名称		单位	单价（元）	消耗量		
人工	综合工日	工日	140.00	0.110	0.140	0.140
材料	玻璃胶 310mL	支	7.80	—	0.284	0.360
	金属槽线 50×12×1.2	m	7.90	—	—	10.300
	金属角线 30×30×1.5	m	6.84	—	10.300	—
	金属压条 10×2.5	m	4.50	10.300	—	—
	自攻螺丝	个	0.02	40.900	40.900	41.820
	其他材料费	元	1.00	4.000	4.000	4.000
机械	其他机械费	元	1.00	1.750	2.000	2.000

工作内容：定位、弹线、开槽、下料、加楔、涂胶、安装、固定、磨齐等全部操作过程。 计量单位：10m

定额编号				Z8-28
项目名称				金属装饰条
				铜嵌条
基价（元）				78.87
其中	人工费（元）			26.60
	材料费（元）			50.07
	机械费（元）			2.20
名称		单位	单价(元)	消耗量
人工	综合工日	工日	140.00	0.190
材料	玻璃胶 310mL	支	7.80	0.300
	铜条 15×2	m	4.44	10.300
	其他材料费	元	1.00	2.000
机械	其他机械费	元	1.00	2.200

工作内容：定位、弹线、下料、加楔、涂胶、安装、固定等全部操作过程。　　计量单位：10m

定额编号					Z8-29	Z8-30
项目名称					镜面不锈钢装饰线(展开宽度)	
					60mm以内	100mm以内
基价（元）					**212.65**	**332.96**
其中	人工费（元）				23.80	26.60
	材料费（元）				186.85	304.36
	机械费（元）				2.00	2.00
名称			单位	单价(元)	消耗量	
人工	综合工日		工日	140.00	0.170	0.190
材料	玻璃胶 310mL		支	7.80	0.400	0.450
	不锈钢板 304系列 1.2mm厚		m²	200.00	0.630	1.050
	十二厘板		m²	25.00	0.525	1.050
	万能胶		kg	18.00	2.200	3.200
	其他材料费		元	1.00	5.000	7.000
机械	其他机械费		元	1.00	2.000	2.000

注：不锈钢线条宽度不同可按展开面积乘以系数1.05，调整含量。

2. 木质装饰线

工作内容：定位、弹线、下料、加楔、涂胶、安装、固定等全部操作过程。　　计量单位：10m

定额编号				Z8-31	Z8-32	Z8-33
项目名称				木质装饰线条		
				宽度		
				25mm以内	50mm以内	80mm以内
基价（元）				**68.37**	**75.58**	**116.50**
其中	人工费（元）			16.80	18.20	19.60
	材料费（元）			51.44	57.23	96.72
	机械费（元）			0.13	0.15	0.18
名称		**单位**	**单价(元)**	**消耗量**		
人工	综合工日	工日	140.00	0.120	0.130	0.140
材料	白乳胶	kg	5.38	0.100	0.200	0.320
	木质装饰线 25mm	m	4.80	10.500	—	—
	木质装饰线 50mm	m	5.30	—	10.500	—
	木质装饰线 80mm	m	9.00	—	—	10.500
	其他材料费	元	1.00	0.500	0.500	0.500
机械	其他机械费	元	1.00	0.130	0.150	0.180

工作内容：定位、弹线、下料、加楔、涂胶、安装、固定等全部操作过程。　　计量单位：10m

定额编号				Z8-34	Z8-35
项目名称				木质装饰线条	
				宽度	
				100mm以内	100mm以外
基价（元）				140.08	186.94
其中	人工费（元）			21.00	25.20
	材料费（元）			118.83	161.46
	机械费（元）			0.25	0.28
名称		单位	单价(元)	消耗量	
人工	综合工日	工日	140.00	0.150	0.180
材料	白乳胶	kg	5.38	0.400	0.500
	木质装饰线 100mm	m	11.00	10.500	—
	木质装饰线 150mm	m	15.00	—	10.500
	铁钉	kg	3.56	0.161	0.161
	其他材料费	元	1.00	0.600	0.700
机械	其他机械费	元	1.00	0.250	0.280

3. 石材装饰线

工作内容：准备、定位、弹线、胶调制、粘贴石材线、校正、固定、清理等。　　　　计量单位：10m

定额编号				Z8-36	Z8-37	Z8-38
项目名称				石材线条，胶粘贴		
				宽度		
				50mm以内	80mm以内	100mm以内
基价（元）				233.29	280.24	347.45
其中	人工费（元）			51.80	61.60	72.80
	材料费（元）			181.49	218.64	274.65
	机械费（元）			—	—	—
名称		单位	单价（元）	消耗量		
人工	综合工日	工日	140.00	0.370	0.440	0.520
材料	石材装饰线 100mm	m	25.64	—	—	10.300
	石材装饰线 50mm	m	17.05	10.300	—	—
	石材装饰线 80mm	m	20.43	—	10.300	—
	石料切割锯片	片	39.00	0.030	0.035	0.040
	云石胶	kg	7.00	0.500	0.750	1.000
	其他材料费	元	1.00	1.200	1.600	2.000

注：异形线条加工费按立面投影宽度每1cm计算，成品异形石材线条的成品价：石板材费+线条加工费。线条宽度不同可折算成平方计价。

工作内容：准备、定位、弹线、胶调制、粘贴石材线、校正、固定、清理等。　　计量单位：10m

定额编号					Z8-39
项目名称					异形线条 每1cm宽石材加工费
基价（元）					43.01
其中	人工费（元）				14.00
	材料费（元）				29.01
	机械费（元）				—
名称			单位	单价(元)	消耗量
人工	综合工日		工日	140.00	0.100
材料	其他材料费		元	1.00	29.010

注：异形线条加工费按立面投影宽度每1cm计算，成品异形石材线条的成品价：石板材费+线条加工费。线条宽度不同可折算成平方计价。

工作内容：准备、定位、弹线、胶调制、粘贴石材线、校正、固定、清理等。　　　　计量单位：10m

定额编号				Z8-40	Z8-41	Z8-42
项目名称				石材线条，胶粘贴		
				宽度		
				150mm以内	200mm以内	200mm以外
基价（元）				**455.01**	**518.69**	**611.91**
其中	人工费（元）			88.20	103.60	123.20
	材料费（元）			366.81	415.09	488.71
	机械费（元）			—	—	—
名称		单位	单价（元）	消耗量		
人工	综合工日	工日	140.00	0.630	0.740	0.880
材料	石材装饰线 150mm	m	34.19	10.300	—	—
	石材装饰线 200mm以内	m	38.46	—	10.300	—
	石材装饰线 200mm以外	m	45.20	—	—	10.300
	石料切割锯片	片	39.00	0.045	0.050	0.055
	云石胶	kg	7.00	1.500	2.000	2.500
	其他材料费	元	1.00	2.400	3.000	3.500

4. 其他装饰线

工作内容：定位、弹线、下料、加楔、涂胶、安装、固定等全部操作过程。 计量单位：10m

定额编号				Z8-43	Z8-44	Z8-45
项目名称				其他材料装饰线		
				石膏线条	镜面玻璃条	塑料线条
基价（元）				76.80	75.06	38.20
其中	人工费（元）			21.00	19.60	15.40
	材料费（元）			55.80	55.46	22.80
	机械费（元）			—	—	—
名称		单位	单价(元)	消耗量		
人工	综合工日	工日	140.00	0.150	0.140	0.110
材料	白乳胶	kg	5.38	0.600	—	—
	玻璃胶 310mL	支	7.80	—	0.380	—
	镜面玻璃条	m	5.00	—	10.500	—
	腻子粉	kg	2.82	3.750	—	—
	软塑料线条	m	2.00	—	—	10.500
	石膏装饰条	m	4.00	10.500	—	—
	万能胶	kg	18.00	—	—	0.100

工作内容：定位、弹线、下料、加楔、安装、固定、抹灰、清理等全部操作过程。　　计量单位：10m²

定额编号				Z8-46
项目名称				GRC装饰线条粘贴
基价（元）				1230.30
其中	人工费（元）			392.00
	材料费（元）			838.30
	机械费（元）			—
名称		单位	单价(元)	消耗量
人工	综合工日	工日	140.00	2.800
材料	GRC装饰线条	m²	80.00	10.200
	瓷砖专用粘结剂	kg	2.50	3.225
	抗裂砂浆	m³	890.00	0.016

四、灯箱、招牌

1.灯箱龙骨

工作内容：下料、刨光、放样、组装、焊接成品、刷防锈漆、矫正、安装成型、清理等全部操作过程。

计量单位：10kg

定额编号				Z8-47	Z8-48	Z8-49
项目名称				灯箱龙骨钢结构		
				附墙式	悬挂式	直立式
基价（元）				91.68	94.86	63.66
其中	人工费（元）			21.00	22.40	21.00
	材料费（元）			70.56	72.34	42.59
	机械费（元）			0.12	0.12	0.07
名称		单位	单价(元)	消耗量		
人工	综合工日	工日	140.00	0.150	0.160	0.150
材料	电焊条	kg	5.98	0.277	0.328	0.312
	镀锌铁皮 28号	m²	15.68	0.175	0.440	—
	镀锌铁丝 12号	kg	3.57	0.049	0.019	—
	镀锌铁丝 22号	kg	3.57	0.049	—	—
	防锈漆	kg	5.62	0.051	0.064	0.052
	工程用材	m³	2250.00	0.011	0.010	—
	木螺钉	个	0.02	21.770	9.730	—
	膨胀螺栓 M16	套	1.45	—	—	0.619
	膨胀螺栓 M8×80	套	0.30	3.020	2.410	—
	铁钉	kg	3.56	—	0.013	—
	型钢	kg	3.70	10.600	10.600	10.600
	油漆溶剂油	kg	2.62	0.005	0.007	0.005
	其他材料费	元	1.00	0.200	0.350	0.300
机械	木工圆锯机 500mm	台班	25.33	0.002	0.001	—
	其他机械费	元	1.00	0.071	0.090	0.074

2. 灯箱基层

工作内容：准备、划线、下料、涂胶、安装、固定等全部操作过程。　　计量单位：10m²

定额编号				Z8-50	Z8-51	Z8-52
项目名称				灯箱基层		
				金属板	玻璃钢	胶合板
基价（元）				478.27	378.86	514.58
其中	人工费（元）			154.00	103.60	103.60
	材料费（元）			324.27	275.26	410.98
	机械费（元）			—	—	—
名称		单位	单价（元）	消耗量		
人工	综合工日	工日	140.00	1.100	0.740	0.740
材料	玻璃钢	m²	26.03	—	10.300	—
	玻璃胶 310mL	支	7.80	6.500	—	—
	钢钉	kg	7.69	2.090	—	—
	金属板	m²	25.00	10.300	—	—
	木螺钉	个	0.02	—	357.640	357.640
	细木工板 18mm	m²	38.46	—	—	10.500

3. 灯箱面层

工作内容：下料、打眼、固定、涂胶，安装、清理。　　计量单位：10m²

定额编号				Z8-53	Z8-54	Z8-55
项目名称				灯箱面层		
				有机玻璃	灯箱布	灯片
基价（元）				600.72	402.70	585.98
其中	人工费（元）			123.20	82.60	103.60
	材料费（元）			477.52	320.10	482.38
	机械费（元）			—	—	—
名称		单位	单价(元)	消耗量		
人工	综合工日	工日	140.00	0.880	0.590	0.740
材料	PS灯片	m²	40.00	—	—	10.600
	玻璃胶 310mL	支	7.80	10.800	—	4.870
	灯箱布	m²	22.00	—	10.600	—
	金属角线 30×30×1.5	m	6.84	—	12.700	—
	铝铆钉	个	0.04	—	0.678	—
	木螺钉	个	0.02	357.640	—	357.640
	双面胶带	m	0.25	48.960	—	48.960
	有机玻璃	m²	36.30	10.300	—	—
	其他材料费	元	1.00	—	—	1.000

4. 牌面板安装

工作内容：清理基层、钻孔、加楔、木筋制安、安装面板、清理等全部操作过程。　　计量单位：10块

定额编号				Z8-56	Z8-57
项目名称				金属牌面板安装	
				有框式	无框式
基价（元）				**1584.92**	**1221.74**
其中	人工费（元）			515.20	309.40
	材料费（元）			1069.72	912.34
	机械费（元）			—	—
名称		**单位**	**单价(元)**	**消耗量**	
人工	综合工日	工日	140.00	3.680	2.210
材料	工程用材	m^3	2250.00	0.069	—
	金属牌面板	块	90.00	10.000	10.000
	铁钉	kg	3.56	0.550	—
	铁件	kg	4.19	1.100	1.100
	自攻螺丝 M25×2.5	个	0.03	225.000	225.000
	其他材料费	元	1.00	1.150	0.978

五、美术字

工作内容：字样排列、凿眼、加楔、拼装字样、成品矫正、安装、清理等全部操作过程。 计量单位：个

定额编号				Z8-58	Z8-59	Z8-60	Z8-61
项目名称				成品美术字安装			
				1m²以内长边			
				10cm内	20cm内	50cm内	50cm以上
基价（元）				**40.25**	**59.85**	**102.19**	**407.01**
其中	人工费（元）			12.60	21.00	40.60	82.60
	材料费（元）			26.65	37.44	59.14	321.08
	机械费（元）			1.00	1.41	2.45	3.33
名称		单位	单价（元）	消耗量			
人工	综合工日	工日	140.00	0.090	0.150	0.290	0.590
材料	玻璃胶 310mL	支	7.80	0.070	0.126	0.250	0.560
	成品美术字 长边10cm以内	个	23.00	1.010	—	—	—
	成品美术字 长边20cm以内	个	32.00	—	1.010	—	—
	成品美术字 长边50cm以内	个	50.00	—	—	1.010	—
	成品美术字 长边50cm以上	个	300.00	—	—	—	1.010
	铁件	kg	4.19	0.204	0.265	0.350	0.500
	其他材料费	元	1.00	2.020	3.030	5.220	11.620
机械	其他机械费	元	1.00	1.000	1.410	2.450	3.330

工作内容：字样排列、凿眼、加楔、拼装字样、成品矫正、安装、清理等全部操作过程。 计量单位：m²

定额编号				Z8-62
项目名称				成品美术字安装
				1m²以外
基价（元）				370.00
其中	人工费（元）			82.60
	材料费（元）			283.33
	机械费（元）			4.07
名称		单位	单价(元)	消耗量
人工	综合工日	工日	140.00	0.590
材料	玻璃胶 310mL	支	7.80	0.700
	成品美术字 1.0m²以外	m²	256.00	1.010
	铁件	kg	4.19	0.600
	其他材料费	元	1.00	16.800
机械	其他机械费	元	1.00	4.070

六、成品保护

工作内容：搬运、覆盖、清扫、巡检等全部工作内容。

计量单位：100m²

定额编号				Z8-63	Z8-64	Z8-65
项目名称				石材、块料面层		
				楼梯	台阶	楼、地面
基价（元）				349.30	374.60	255.00
其中	人工费（元）			49.00	49.00	35.00
	材料费（元）			300.30	325.60	220.00
	机械费（元）			—	—	—
名称		单位	单价(元)	消耗量		
人工	综合工日	工日	140.00	0.350	0.350	0.250
材料	麻袋	m²	10.00	30.030	32.560	22.000

工作内容：搬运、覆盖、清扫、巡检等全部工作内容。　　　　计量单位：100m²

定额编号				Z8-66	Z8-67
项目名称				木质面层	
				楼、地面	楼梯台阶
基价（元）				274.00	273.00
其中	人工费（元）			49.00	63.00
	材料费（元）			225.00	210.00
	机械费（元）			—	—
名称		单位	单价(元)	消耗量	
人工	综合工日	工日	140.00	0.350	0.450
材料	旧地毯	m²	5.00	45.000	42.000

工作内容：搬运、覆盖、清扫、巡检等全部工作内容。　　计量单位：100m²

定额编号				Z8-68	Z8-69
项目名称				石材、木质面层墙面	不锈钢面
基价（元）				89.61	113.00
其中	人工费（元）			84.00	91.00
	材料费（元）			5.61	22.00
	机械费（元）			—	—
名称		单位	单价（元）	消耗量	
人工	综合工日	工日	140.00	0.600	0.650
材料	塑料薄膜	m²	0.20	28.050	110.000

七、零星项目

1. 石材磨边、开洞

工作内容：现场切割、磨边、成型、抛光等全部操作过程。　　计量单位：10m

定额编号				Z8-70	Z8-71	Z8-72
项目名称				石材现场磨边加工		
				直边	45°斜边	半圆边
基价（元）				52.65	65.88	138.50
其中	人工费（元）			32.20	41.44	58.24
	材料费（元）			1.08	1.29	3.24
	机械费（元）			19.37	23.15	77.02
名称		单位	单价(元)	消耗量		
人工	综合工日	工日	140.00	0.230	0.296	0.416
材料	砂轮片 φ200	片	4.00	0.270	0.323	0.810
机械	岩石切割机 3kW	台班	47.25	0.410	0.490	1.630

工作内容：划线、定位、切割、开孔、磨边、成型、抛光等全部操作过程。　　计量单位：10个

定额编号					Z8-73
项目名称					台面开孔 台下盆
基价（元）					442.02
其中	人工费（元）				392.00
	材料费（元）				9.86
	机械费（元）				40.16
名称			单位	单价(元)	消耗量
人工	综合工日		工日	140.00	2.800
材料	砂轮片 Φ200		片	4.00	0.320
	石料切割锯片		片	39.00	0.220
机械	岩石切割机 3kW		台班	47.25	0.850

工作内容：划线、定位、开孔、成型等全部操作过程。 计量单位：10个

定额编号				Z8-74	Z8-75
项目名称				石材面开洞	瓷砖面开洞
基价（元）				54.24	22.62
其中	人工费（元）			51.80	21.00
	材料费（元）			2.44	1.62
	机械费（元）			—	—
名称		单位	单价(元)	消耗量	
人工	综合工日	工日	140.00	0.370	0.150
材料	石材切割锯片	片	81.20	0.030	0.020

2. 金属旗杆

工作内容：下料、焊接、材料搬运、预埋铁件、安装、抛光、清理等全部操作过程。　　计量单位：根

定额编号				Z8-76
项目名称				不锈钢旗杆
基价（元）				2387.04
其中	人工费（元）			1030.40
	材料费（元）			1355.94
	机械费（元）			0.70
名称		单位	单价(元)	消耗量
人工	综合工日	工日	140.00	7.360
材料	不锈钢管 φ108×3	m	72.21	4.000
	不锈钢管 φ133×4	m	95.10	4.500
	不锈钢管 φ76×2.5	m	79.09	3.500
	不锈钢焊条	kg	38.46	6.370
	定滑轮	个	3.10	1.000
	螺栓	个	0.32	3.080
	旗杆球珠	只	38.80	1.000
	铁件	kg	4.19	17.770
机械	其他机械费	元	1.00	0.700